Wein
in unserem Garten

WERNER FADER

Wein

in unserem Garten

Was Sie in diesem Buch finden

Der Wein – uralte Kulturpflanze 6

Die Rebe – uraltes Kulturgut 8
Wo gedeiht die Rebe? 13

Traubensorten für den Hausgarten 16

Eigenschaften und Eignung 18

Früh reifende Sorten 22
'Perle von Czaba' – 'Aurora' – 'Osella' – 'Mitschurinski' – Ganita – 'Königliche Magdalenentraube' – 'Garant' – 'Evita' – 'Sophie' – 'Fanny' – 'Lilla' – 'Königliche Ester' – 'Birstaler Muskat' – 'Muscat bleu' – 'Palatina' – 'Jakobsberger' – 'Artemis' – 'Nero' – 'Galanth' – 'Decora' – 'Rondo' – 'Flame Seedless' – 'Rosina' – 'Calastra'

Mittelfrüh bis mittelspät reifende Sorten 34
'Königin der Weingärten' – 'Arkadia' – 'Lakemont Seedless' – 'Weißer Gutedel' – 'Roter Gutedel' – 'Katharina' – 'Dornfelder' – 'Regent' – 'Phoenix' – 'Boskoop Glorie' – 'Perle von Zala' – 'Hecker' – 'Angela' – 'Frumoasa alba' – 'Georg' – 'Bianca' – 'Rosetta'

Mittelspät bis spät reifende Sorten 42
'Kodrianka' – 'Theresa' – 'Blauer Gänsfüßer'

Zierreben 44
Vitis coignetiae, Japanische Rebe – *Vitis riparia*, Uferrebe

Weinreben pflanzen, erziehen, pflegen 48

Das Pflanzmaterial 50
Reben pflanzen und aufziehen 54
Wie lassen sich Reben am Haus ziehen? 59
Biologie und Entwicklung der Rebe 67
Reben schneiden und anbinden 74
Laubarbeiten 78
Die richtige Düngung 80
Auch der Boden braucht Pflege 86

Pflanzenschutz am Weinstock 88

Die wichtigsten Krankheiten und Schädlinge 90
Lebensweise, Schadbild und Bekämpfung der
   Pilzkrankheiten 91
Lebensweise, Schäden und Bekämpfung tierischer
   Schädlinge 98
Sorgfalt beim Umgang mit Pflanzenschutzmitteln 108
Biologische Schadensabwehr 109

Trauben ernten und verwerten 110

Wann sind die Trauben reif? 112
Frische Trauben – ein Genuss 114
Die Verwertung der Trauben 115
Gesund mit Trauben und Wein 120

Anhang
Adressen, die Ihnen weiterhelfen 122
Stichwortverzeichnis 124

Der Wein – uralte Kulturpflanze

Der Anbau der Weinrebe diente zuerst nur der Gewinnung frischer saftiger Früchte. Erst später entdeckte man, wie sich aus ihnen Wein gewinnen ließ, und dadurch wurde der Wein zum Kulturgut.

- **Die Rebe – uraltes Kulturgut** 8
  Die Geschichte der Weinrebe – von den Anfängen bis heute.
- **Wo gedeiht die Rebe?** 13
  Die Weinanbaugebiete der Welt und klimatische Voraussetzungen.

Die Rebe – uraltes Kulturgut

Der aus dem süßen Saft der Trauben durch die alkoholische Gärung entstehende Wein hat die Phantasie der Menschen schon immer mehr beschäftigt als die Trauben selbst, denn die alkoholische Gärung blieb bis in die Neuzeit ein fast mystischer Vorgang. So ranken sich zahlreiche Legenden, Erzählungen und weinlaunige Anekdoten aus alter Zeit vor allem um die Weinwerdung.

Eine dieser Legenden kann aber auch der Abhandlung über die **Tafeltrauben** vorangestellt werden, weil sie von den Früchten für die Tafel, eben den Tafeltrauben, ausgeht. Sie soll sich zur Zeit des altiranischen **Königs Dschemschid,** etwa 2000 Jahre v. Chr. ereignet haben. Er pflanzte in den Garten seines Palastes wild wachsende Reben, um von ihnen edlere Früchte für die königliche Tafel zu gewinnen. Als die Trauben reif wurden, ließ er täglich davon holen, um sich gemeinsam mit seinen Gemahlinnen an ihrem Wohlgeschmack zu laben. Sobald nur noch wenige Früchte in purpurner süßer Reife an den Stöcken hingen, befahl er, sie zu pflücken

Traubenernte zur Zeit der Pharaonen in Ägypten.

und in einer großen Tonne im Keller zum späteren Genuss aufzubewahren.
Sehr bald aber trat aus den hauchdünnen Beerenhäuten Saft aus, und mit den Trauben vermengt, geriet die Flüssigkeit in eine Unruhe, die sich bis zum Gesprudel steigerte. Gleichzeitig entströmten der Tonne erregende und seltsame Düfte. Man dachte an Dämonen, die es auf das Leben des Königs abgesehen hätten. Unschlüssig, was geschehen sollte, wurde der Raum ängstlich gemieden. Eine der Gemahlinnen des Königs aber, die immer wieder von qualvollen Kopfschmerzen befallen wurde, hoffte, mit dem vermeintlichen Gift ihrem Leben ein Ende setzen zu können. Wie überrascht war sie aber, als sie statt einer tödlichen eine wunderbar belebende Wirkung verspürte. So trank sie immer gieriger von dem sinnbetörenden Saft, bis sie, ihrer Schmerzen ganz enthoben, in ein neues seliges Dasein versank.
Wieder in die Wirklichkeit zurückgekehrt, eilte sie zum König, um ihm zu sagen, dass gute Geister über dem Saft der Trauben schwebten, so dass auch er sich an dem Zaubertrank erfreuen konnte.
Vielleicht war König Dschemschid einer der ersten Tafeltraubenanbauer. Wir dürfen aber davon ausgehen, dass schon lange vorher die Menschen wild wachsende Trauben aßen und, nachdem sie sesshaft wurden, auch kultivierten. Es darf auch angenommen werden, dass in den geschichtlichen Hochkulturen des vorderasiatischen Raumes, in dem sich auch das Hauptverbreitungsgebiet der Wildreben befand, die Rebe erstmals kultiviert wurde und das an mehreren Stellen gleichzeitig.

Schon die Römer waren dem Wein sehr zugetan, wie dieses Mosaik bezeugt.

So fand die Traubenverarbeitung noch im Mittelalter statt.

10 DER WEIN – URALTE KULTURPFLANZE

Ideale Voraussetzungen: Sonnenbeschienene Rebhänge am Kaiserstuhl im Schutz bewaldeter Hügelkuppen.

Wahrscheinlich gründeten sich die ersten Anpflanzungen auf Samen, was auch eine Erklärung für die heute kaum überschaubare Vielfalt der Sortenvarietäten bei den Reben wäre.

Älteste Zeugnisse

Eine wirtschaftliche Erzeugung von Trauben oder Wein konnte aber erst mit der Vermehrung der Rebe über Stecklinge begonnen werden. Die ältesten Zeugnisse für die Gewinnung größerer Traubenmengen liefern in der **Türkei** und am Südhang des **Kaukasus** ausgegrabene, 8000 Jahre alte Kelteranlagen. Jünger sind **sumerische** Rollsiegel, mit denen Saft- oder Weinamphoren gezeichnet wurden. In **Ägypten** unterschied man acht Rebsorten oder Traubenfarben, hinzu kamen Angaben über Kulturmaßnahmen, Weinerzeugung, Weinlagerung, Transport und Kontrolle.
Als die **Phönizier** und andere Völker den Weinbau schließlich nach **Griechenland** brachten (1600 v. Chr.), lagen so viel Erfahrungen vor, dass die europäischen Völker den Weinbau nur noch an die eigenen Erzeugungsbedingungen anpassen mussten. Den **Römern** ist es zu danken, dass der Weinbau damals in Gallien

und auf dem Weg durchs Rhônetal auch nördlich der Alpen verbreitet wurde.
Im ersten Jahrhundert n. Chr. ist Weinbau an der Mosel bezeugt, wenig später für die Pfalz und andere deutsche Weinbaugebiete. Als Folge der Christianisierung der germanischen Völker im **Mittelalter** wurden Reben nach und nach fast überall in Deutschland angebaut, denn Wein war zur Einsetzung des Sakramentes beim Abendmahl unverzichtbar. Die damaligen Verkehrsverhältnisse erlaubten auch keine längeren Transporte. Außerdem herrschten vermutlich auch bessere klimatische Bedingungen als heute, denn es war wahrscheinlich im Durchschnitt etwas wärmer.

Tafeltrauben – schon seit den Römern

Über die Geschichte der Tafeltrauben und »Hausreben« ist vergleichsweise wenig überliefert. Zeichnungen und Darstellungen aus ägyptischer und griechischer Zeit erlauben die Annahme, dass viele Trauben auch zum Frischverzehr geerntet wurden.
Plinius befasste sich bei den Römern eingehend mit den Eigenschaften der Trauben und unterstrich vor allem ihre diätetische Wirkung. Er meinte, die weißen Trauben schmeckten angenehmer als die schwarzen (blauen), aber frisch genossen blähten sie den Magen auf und verursachten Bauchgrimmen. Deshalb sollten sie zuerst längere Zeit an der Luft hängen; dies wäre besser für den Magen, und würde zudem noch Appetitlosigkeit beheben.

Teile einer minoischen Weinpresse mit Sammelgefäßen für den Saft.

Eingetrocknete Trauben (Rosinen) hülfen gegen Blasenleiden und Husten. In Regenwasser aufbewahrte Trauben wirkten gegen Magenbrennen und Wassersucht.
Columella (4. Jh. n. Chr.) berichtet, dass Tafeltrauben in der Nähe großer Städte am Haus gezogen werden, um sie auf den Markt zu bringen. Mit Prachttraube, Krachtraube,

In der Pfalz kann man noch heute Rebenunterstützungen bestaunen, die aus der Römerzeit stammen.

Solch ein malerischer, von Reben umrankter Treppenaufgang wie an diesem alten Winzerhaus ermöglicht die Traubenernte unmittelbar am Haus.

Dattel- und Eicheltraube nennt er einige auch heute noch geläufige Sortennamen.
Nachdem der **Islam** den Weingenuss verbot, wurden aus Keltertrauben **Tafeltrauben**. Die Türkei und andere vorderasiatische Länder wurden so zu wichtigen Anbaugebieten für Tafeltrauben und **Rosinen**.
Für **Deutschland** wies Heyne darauf hin, dass es schon in früheren Zeiten (Mittelalter) bis hoch in den Norden Sitte gewesen sei, Rebstöcke an der Sonnenseite dörflicher oder städtischer Anwesen spalierartig emporzuführen. In den Weinanbaugebieten hat sich diese Sitte bis heute erhalten.
Bis zu 100 Jahre alte Rebstöcke tragen wesentlich zum malerischen Reiz alter Winzerdörfer bei und liefern gleichzeitig oft beträchtliche Mengen schmackhafter Trauben. Auch außerhalb der Weinanbaugebiete kann man sich am Schmuck der Reben und an dem Genuss der Trauben erfreuen – wenn man einen geeigneten Standort hat, die dazu passende Rebsorte wählt. Neue Rebsorten erleichtern den Anbau von Tafeltrauben erheblich. Sie sind entweder insgesamt robuster oder widerstandsfähiger, teilweise sogar resistent gegen die gefährlichen Pilzkrankheiten (siehe die Sortenauswahl Seite 18). Damit vereinfachen sich auch die zu beachtenden Pflegemaßnahmen (siehe Seite 50 ff.).

Wo gedeiht die Rebe?

Die Rebe ist ein Kind des wärmeren gemäßigten Klimas. Entsprechend konzentriert sich ihr Anbau im Norden im Bereich zwischen dem 35. und 45. Breitengrad, mit Ausläufern (z. B. Deutschland) bis zum 51. Breitengrad. Auf der Südhalbkugel wird sie zwischen dem 30. und 40. Breitengrad angebaut. In diesen Bereichen sind alle wichtigen Weinbau- und Tafeltraubenländer zu finden.

Tafeltrauben werden kommerziell hauptsächlich in der wärmeren gemäßigten Zone und südlich davon angebaut.

Die Grafik zeigt die Anbauzonen und die Intensität des Rebenanbaues auf der Erde. Wichtige Exporteure für den deutschen Markt sind Italien, Griechenland und die Türkei, auf der Südhalbkugel Südafrika. Dort können Tafeltrauben mit viel Sonne gesund und gleichmäßig ausreifen.

Temperatur, Licht und Niederschläge

Wie die bevorzugten Anbauzonen zeigen, spielen Licht und Wärme für die Rebe eine entscheidende Rolle. Der wirtschaftliche Anbau endet dort, wo die **Temperatur** im Jahresmittel auf unter 8,5 °C absinkt. Die mittleren Wintertemperaturen dürfen nicht wesentlich unter 0 °C liegen.

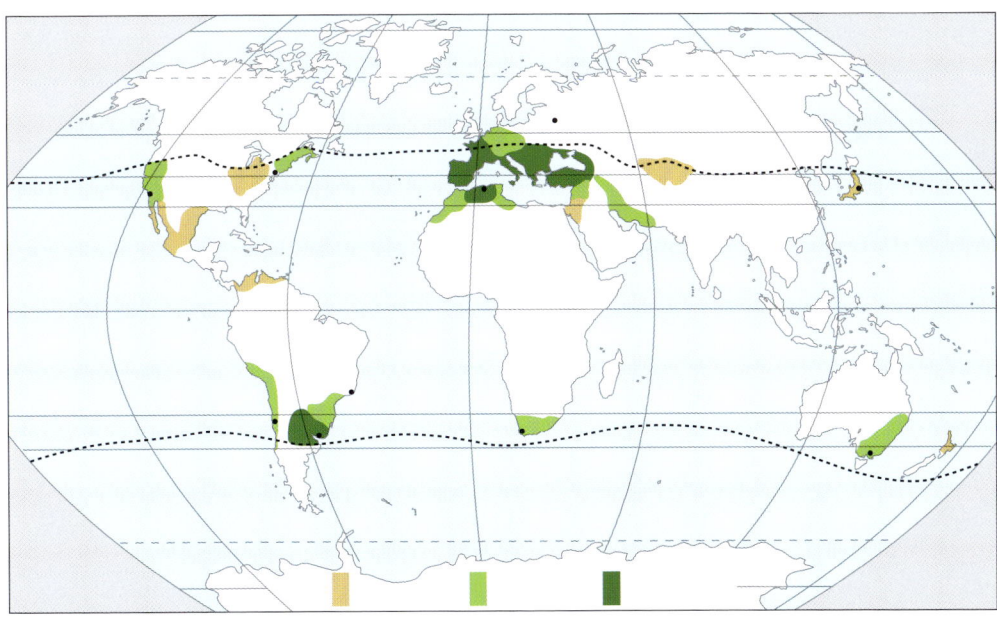

Anbauzonen der Weinrebe und Intensität des Rebenanbaus auf der Erde.

Seit alters her schmücken Reben die Hauswand. Richtig gezogen, lassen sich dadurch Schönheit und Nutzen optimal vereinen.

Anbaubegrenzend wirken unabhängig vom Jahresmittel auch
- häufig auftretende Fröste und Temperaturen von unter –15 °C,
- regelmäßig zu erwartende Spätfröste nach dem Austrieb im Frühjahr und
- Frühfröste vor dem Blattfall im Herbst.

Mein Rat

Die Rebe erwartet einen lockeren, durchlässigen Boden. Bauschutt und Steine müssen über die Pflanztiefe hinaus entfernt werden.

Die Rebe benötigt in der Vegetationszeit 160–180 frostfreie Tage, um sich ausreichend entwickeln zu können. Ausschlaggebend für den Ertrag sind auch die Temperaturen zur Blüte. Mitte Juni bis Mitte Juli sollten 15 °C am Tag und 12 °C in der Nacht dauerhaft nicht unterschritten werden.

Schwierig wird es in Höhenlagen von über 300–400 m. Ihr **Licht**bedürfnis erfordert in der Vegetationszeit möglichst 1200–1300 Sonnenscheinstunden.

Dagegen sind hinsichtlich der **Niederschläge** die Ansprüche eher bescheiden. Bei gleichmäßiger Verteilung genügen 450 bis 500 mm Regen jährlich. Längere Trockenperioden wirken sich insbesondere zu Zeiten des Beerenwachstums und der Beerenreife nachteilig aus. Andererseits erhöhen häufige Niederschläge im Sommer und Herbst oder ständig hohe Luftfeuchtigkeit die Krankheitsgefahr.

Der richtige Standort

Über die Wahl des Standortes können die großklimatisch gezogenen Grenzen oft erheblich erweitert werden, nur in Höhen über 400 m NN hört der Weinbau auf. Darunter werden in den nördlichen Anbauzonen die der Sonne zugeneigten Flächen, die Hänge in den Flusstälern oder an Seen zum Rebenanbau vorzugsweise genutzt.

Ähnlich bevorzugt sind von Mauern umgebene und dadurch windgeschützte Gärten und Höfe. An der Sonne ausgesetzten Hauswänden und Mauern liegen die mittleren Temperaturen z. B. um bis zu 2 °C höher als in der

Umgebung. Unter solchen Bedingungen kann man deshalb den Hausrebenanbau weit über die traditionellen Weinanbaugebiete hinaus verschieben.

Bodenansprüche

Der Boden bereitet keine besonderen Schwierigkeiten, wenn er nicht zu viel Kalk (pH-Wert >7,5) enthält oder nicht zu sauer (pH-Wert <5,0) ist, wenn sein pH-Wert dem Rebenwachstum zusagt. Der **pH-Wert** ist eine Maßzahl der Wasserstoffionen-Konzentration in der Bodenlösung und kennzeichnet die saure, neutrale oder alkalische Reaktion des Bodens. Bei pH 7 ist die Bodenlösung neutral, darunter liegt sie im sauren, darüber im alkalischen Bereich. Zum ungestörten Rebenwachstum soll der Wert nicht unter pH 5 absinken und nicht über pH 7,5 ansteigen. Je höher der Humusgehalt des Bodens (>2,5 %), desto besser kommt die Rebe auch noch mit Grenzwerten zurecht.

In jedem Fall soll der Boden locker, gut durchlüftet und wasserdurchlässig sein. Zudem muss er tiefgründig sein, um den Rebwurzeln Platz zu bieten und um stets genügend Wasser und Nährstoffe nachliefern zu können. Flachgründige oder mit Bauschutt durchsetzte Böden bieten dagegen schlechte Voraussetzungen zum Gelingen des Rebenanbaues. Hier sollte der Boden für ein Jahr mit einer tief wurzelnden Gründüngungspflanze strukturell verbessert werden. Dann wird vor der Pflanzung bis 40 cm tief gelockert und noch gut verrotteter Kompost zugefügt.

Der Wärme speichernde Bodensee schafft günstige Bedingungen für den Weinbau.

Auf einen Blick

- Die Rebe ist vorwiegend in den wärmeren gemäßigten Klimazonen verbreitet.
- Geschützte Standorte an Mauern oder Hauswänden genügen ihren klimatischen Ansprüchen auch noch in nördlicheren Gebieten.
- Die Bodenansprüche der Weinrebe sind bescheiden, wenn der pH-Wert nicht zu sehr im sauren oder alkalischen Bereich liegt.
- Auf jeden Fall sollte der Boden vor der Pflanzung tiefgründig gelockert und gut mit Humus versorgt werden. Eventuell vorhandener Bauschutt im Boden ist vorher zu entfernen.

Traubensorten für den Hausgarten

Man schätzt, dass es auf der Erde ca. 5000 Sorten der verschiedenen Rebenarten gibt. Durch die Arbeit der Rebenzüchter kommen ständig neue hinzu, darunter viele Tafeltrauben, die auch hier mit Erfolg anzubauen sind.

- **Eigenschaften und Eignung** 18
  Welche Rebsorte eignet sich für den Anbau im eigenen Garten?
- **Früh reifende Sorten** 21
  Für den Hausgarten geeignete Sorten die von Mitte August bis Anfang/Mitte September reifen.t
- **Mittelfrüh bis mittelspät reifende Sorten** 34
  Für den Hausgarten geeignete Sorten die von Mitte September bis Mitte Oktober reifen.
- **Mittelspät bis spät reifende Sorten** 42
  Für den Hausgarten geeignete Sorten die von Mitte September bis Ende Oktober reifen.
- **Zierreben** 44
  Robuste und winterharte Sorten, die sich ideal zur Begrünung von Wänden und Pergolen eignen.

Erklärung zu den Symbolen

Symbolleiste:
Beerenfarbe
   blau, gelb, grün, rot oder rosé

Widerstandsfähigkeit
   robust
   empfindlich

Wüchsigkeit
↕   schwach

↕   mittel

↕   stark

Frosthärte
❄   gut, mittel oder mäßig

Eigenschaften und Eignung

Groß ist die Zahl der Reben- oder Traubensorten, doch sind ihrem Anbau auf Grund ihrer speziellen Eigenschaften, insbesondere ihrer sehr unterschiedlichen Ansprüche an das Klima, oft enge Grenzen gesetzt. Das Angebot geeigneter Sorten reduziert sich um so mehr, je näher man der Anbaugrenze rückt. Gleichzeitig darf man in Grenzlagen nicht die ideale Tafeltraube erwarten, wie sie uns im Laden zuweilen aus südlichen Ländern mit optimalen Licht- und Wärmeverhältnissen angeboten wird. Wenn auch das Äußere der bei uns erzeugten Tafeltrauben nicht ganz so vollkommen erscheint, überzeugt ihr Inneres doch um so mehr. Dank längerer Reifezeit besitzen sie meist reichere Aromen und Inhaltsstoffe und munden somit saftiger und fruchtiger.

Die Wahl der richtigen Sorte

Dem Traubenliebhaber steht auch für unsere Anbaubedingungen ein recht umfangreiches Angebot an Sorten zur Verfügung, das mit Keltertraubensorten ergänzt und dank der erfolg-

Weinreben eignen sich gut dazu, einen langweiligen Gartenzaun zu verschönern.

reichen Tätigkeit staatlicher und privater Rebenzüchter immer noch erweitert wird. Zuchtziel ist vor allem die Gewinnung resistenter Sorten. So versuchte man sehr bald gegen Ende des 19. Jh. nach der Einschleppung von Reblaus und Pilzkrankheiten aus Amerika, durch Kreuzung resistenter amerikanischer mit qualitativ wertvollen europäischen Sorten resistente Kelter- und Tafeltraubensorten zu züchten.

Lange waren diesen Bemühungen nur Teilerfolge beschieden, weil die amerikanischen Sorten den Kreuzungsprodukten dominant einen Geschmack mitgaben, der nach europäischen Vorstellungen nicht akzeptabel war. Erst in jahrzehntelanger Arbeit gelang es, unterstützt durch verbesserte Zuchttechniken, über häufige Rückkreuzungen Sorten hervorzubringen, die die positiven Eigenschaften der europäischen Sorten mit der Widerstandskraft der amerikanischen Sorten vereinen. Da bei solchen Sorten ein wesentlicher Teil der Pflanzenbehandlungsmaßnahmen entfallen kann, entlasten sie die Arbeit des Rebenanbauers und die Umwelt.

Die Auswahl der Sorten zum Anbau richtet sich in erster Linie nach den jeweiligen Standortverhältnissen. Um eine geeignete Sorte zu wählen, bedarf es der Kenntnis der wichtigsten **Sorteneigenschaften**, die bei den nachfolgenden Sortenporträts beschrieben werden. Die Sortenmerkmale spielen dagegen – abgesehen von denen der Früchte – nur eine untergeordnete Rolle, weil das Aussehen von Triebspitzen, Trieben oder Blättern für den Anbau keine Bedeutung hat und nur von sortenkundlichem Interesse ist.

'Blauer Spätburgunder' zeigt bei entsprechender Witterung eine schöne Herbstfärbung.

Standortgerechte Sorten

Maßgebend für den standortgerechten Anbau sind die so genannten phänologischen Daten (Seite 71), vor allem der Zeitpunkt der Reife und des Austriebs sowie **Frosthärte** und Pflegebedürftigkeit bzw. Anfälligkeit für z. B. Pilzkrankheiten. Innerhalb dieser Eigenschaften kann man sich bei der Auswahl hinsichtlich Aussehen und Geschmack der Früchte von persönlichen Wünschen und Bedürfnissen leiten lassen. Eine Frage des Geschmacks bleibt es auch, ob man eher neutralen oder aromatischen, würzigen oder muskatartigen, weißen, blauen oder roten Sorten den Vorzug gibt. Blau gefärbte Sorten sind optisch auffallender, und das mit vielen Rottönen gefärbte Herbstlaub schmückt Mauern und Gärten intensiver. Die Angaben in den Porträts zu Austrieb und Reife beziehen sich auf durchschnittliche Bedingungen in Weinanbaugebieten. Je mehr die jeweilige Jahresdurchschnitts-Temperatur und die Dauer der Vegetationszeit davon abweichen, desto eher sind früh reifende Sorten zu bevorzugen. Bei häufig auftretenden starken Winterfrösten (kontinentales Klima) müssen frostharte Sorten ausgewählt werden. Verbreitet feuchte Witterung erhöht bei allen Sorten die Pflegebedürftigkeit.

Resistente Sorten

In jüngster Zeit werden als Ergebnisse gezielter Züchtung mehr und mehr so genannte resistente Sorten angeboten, die widerstandsfähig gegen die wichtigsten Pilzkrankheiten sind und dagegen nicht mehr oder nur noch eingeschränkt behandelt werden müssen. Die sich nun anschließenden **Sortenbeschreibungen** fasst die Sorten nach **Reifegruppen** zusammen. Dies berücksichtigt traditionelle und neue Sorten, so weit sie erfahrungsgemäß direkt von Pflanzguterzeugern (Adressen siehe Seite 122) oder im Handel angeboten werden. Bei einigen der neuen Sorten sind noch Erfahrungen im Anbau zu sammeln. Ebenso hat sich der Trend nach kernarmen oder kernlosen Sorten verstärkt.

Stimmen die Rahmenbedingungen, können Reben im Hausgarten ein hohes Alter erreichen.

Traubensorten im Porträt

Früh reifende Sorten
Seite 22–33

Ihre Reifezeit erstreckt sich von Mitte August bis Mitte September. Sie lassen ihre Trauben in relativ kurzer Zeit ausreifen. Dies ist für den Anbau auf geringeren Standorten aber erst dann interessant, wenn im Frühjahr nach dem Austrieb keine Spätfröste mehr auftreten. Im Geschmack steht die Süße eindeutig im Vordergrund. Vögel und Wespen machen den Ertrag gerne streitig, so dass Schutzmaßnahmen oft angebracht sind.

Mittelfrüh bis mittelspät reifende Sorten   Seite 34–41

Ihre Reifezeit liegt zwischen Mitte September und Mitte Oktober. In dieser Reifegruppe finden sich die Sorten mit dem größten Anbaupotential. Sie sind im allgemeinen ertragssicher, weisen etwas mehr Fruchtsäuren auf als frühe Sorten und schmecken fruchtiger. Ihr Anbau ist außerhalb der Weinanbaugebiete in Klimanischen des Binnenlandes auf sonnenexponierten Standorten möglich.

Mittelspät bis spät reifende Sorten   Seite 42–43

Ihre Reifezeit liegt zwischen Mitte Oktober und Anfang November. Erfolg versprechender Anbau ist nur in Weinanbaugebieten und in zur Sonne ausgerichteten Standorten benachbarter Gebiete noch möglich. Darüber hinaus und bei mittlerer Jahrestemperatur von 8° C und darunter ist die Genussreife der Trauben nicht mehr gewährleistet.

Zierreben   Seite 44

Zierreben sind außereuropäische Arten der Gattung *Vitis*. Sie liefern keinen nutzbaren Ertrag können aber zur Verschönerung von Hauswänden und Mauern beitragen. Denn sie sind robust, wachsen in der Regel üppig und die Blätter verfärben sich im Herbst auffallend golden oder rot. Da sie keine Früchte tragen und meist resistent gegen Krankheiten und Schädlingen sind, entfallen die lästigen Pflanzenbehandlungen.

Früh reifende Sorten

'Perle von Czaba', die am frühesten reifende Sorte.

'Perle von Czaba'

 gelb   **mittel**

Allgemeines: Ungarische Züchtung.
Trauben: Mittelgroß, walzen- bis kegelförmig.
Beeren: Rund, weißgelb, saftig, Muskatgeschmack.
Austrieb: Früh.
Reife: Sehr früh, ab Mitte August.
Wuchs: Schwach bis mittelstark.
Anfälligkeit: Bei kühlem Wetter während der Blüte schlechter Fruchtansatz. Empfindlich gegen Pilzkrankheiten. Gute Holzreife, aber nicht allzu winterhart.
Ertrag: Sicher beim Anschnitt langer Fruchtruten.
Anbauempfehlung: Windgeschützte Grenzlagen.

'Aurora'

 gelb   **gut**

Allgemeines: Herkunft aus Südfrankreich.
Trauben: Groß, walzenförmig, locker.
Beeren: Mittelgroß, goldgelb bis leicht pink, Fruchtfleisch weich saftig, neutraler Geschmack.
Austrieb: Früh.
Reife: Mitte bis Ende August.
Wuchs: Stark.
Anfälligkeit: Gute Resistenz gegen Echten und Falschen Mehltau, bei Vollreife fallen Beeren ab; gute Holzreife.
Ertrag: Hoch bei langem Anschnitt.
Anbauempfehlung: Noch für kühleres Klima.

'Aurora', eine anspruchslose, aber leistungsfähige Sorte.

'Osella'

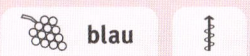  gut

Allgemeines: Im Staatlichen Weinbauinstitut Freiburg im Breisgau aus 'Solaris' und 'Muskat bleu' gezüchtet.
Trauben: Lockerbeerig, weniger gleichmäßig in der Form.
Beeren: Runde, rot bis blauschwarz gefärbte, große Beeren, knackig im Fruchtfleisch, feinsüß im Geschmack.
Austrieb: Früh.
Reife: Sehr früh, Mitte bis Ende August.
Wuchs: Kräftig, mit dekorativem Laub.
Anfälligkeit: Gute bis sehr gute Widerstandsfähigkeit gegen Echten und Falschen Mehltau, frosthart.
Ertrag: Mittel.
Anbauempfehlung: Für Grenzlagen noch zu empfehlen.

'Osella', dekorativ und voller Geschmack.

'Mitschurinski'

 blau   gut

Allgemeines: Russische Tafeltraube im Institut für Gentechnik in Mitschurinski aus *Vitis vinifera amurensis* und Pollen europäischer Sorten gezüchtet.
Trauben: Groß, konisch, lockerbeerig.
Beeren: Schwarzblau, rundoval, mittelgroß, mit süßaromatischem Geschmack.
Austrieb: Früh bis mittel.
Reife: Sehr früh, Mitte bis Ende August.
Wuchs: Starkwachsend.
Anfälligkeit: Wenig empfindlich gegen Pilzkrankheiten.
Ertrag: In der Regel reichtragend, lange Erntezeit.
Anbauempfehlung: Für mäßigere Standorte, in warmen Lagen auch ohne Mauerschutz.

'Mitschurinski', aus Russland stammend.

'Ganita' bringt eine andere Farbe ins Tafeltraubensortiment.

'Ganita'

 rosé   gut

Allgemeines: Im Staatlichen Weinbauinstitut Freiburg im Breisgau gezüchtet.
Trauben: Sehr groß, walzenförmig und lockerbeerig.
Beeren: Rosa gefärbt, mittel bis groß und rund, mit fein bukettiertem Geschmack.
Austrieb: Früh
Reife: Sehr früh, in letzter Augustdekade.
Wuchs: Kräftig, mit filigranem Laubwerk.
Anfälligkeit: Gute Resistenz gegen Echten und Falschen Mehltau.
Ertrag: Mittel bis hoch, mit langer Erntefähigkeit.
Anbauempfehlung: Noch für mäßige Standorte geeignet.

'Königliche Magdalenentraube', eine Kostbarkeit aus Frankreich.

'Königliche Magdalenentraube'
(französisch: 'Madeleine Royale')

 gelb   mäßig

Allgemeines: 1845 als Sämling entstanden.
Trauben: Mittelgroß, kegelförmig, locker bis kompakt.
Beeren: Rund bis oval, gelbgrün, weich, saftig.
Austrieb: Mittelfrüh.
Reife: Ende August/Anfang September.
Wuchs: Starkwüchsig.
Anfälligkeit: Empfindlich gegen Pilzkrankheiten, Holzreife bei hohem Ertrag gerade ausreichend, dann auch frostempfindlich.
Ertrag: Mittel bis hoch.
Anbauempfehlung: Für kontinentales Klima (Fröste bis −15 °C) nicht geeignet, langer Anschnitt notwendig.

'Garant'

Allgemeines: Im Staatlichen Weinbauinstitut Freiburg im Breisgau, aus 'Solaris' und 'Muskat bleu' gezüchtet.
Trauben: Mittelgroß, langgestreckt und sehr locker.
Beeren: Große, grüngelbe Beeren, elliptisch geformt, mit leichtem Muskatgeschmack.
Austrieb: Früh bis mittel.
Reife: Ende August/Anfang September.
Wuchs: Kräftig und aufrecht.
Anfälligkeit: Gute Widerstandsfähigkeit gegen pilzliche Krankheitserreger.
Ertrag: Zufriedenstellende Erträge.
Anbauempfehlung: Für alle geschützten Standorte auch außerhalb der Weinbaugebiete noch geeignet.

'Evita'

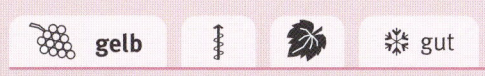

Allgemeines: Eine Kreuzung Perle von Zala × Perlette, vom Eigentümer Jörg Wolf zum EU-Sortenschutz angemeldet.
Trauben: Geschultert, mittelgroß, formschön.
Beeren: Kugelförmig, hellgelb matt bis dunkelgelb, kernarm, festes Fruchtfleisch mit angenehmer Muskatnote.
Austrieb: Mittelfrüh.
Reife: Ab Anfang September, lange Erntezeit.
Wuchs: Kräftig und aufrecht.
Anfälligkeit: Noch gute Widerstandsfähigkeit gegen Pilzkrankheiten, mit fester Beerenschale wenig anfällig gegen Botrytis. Gute Holzreife.
Ertrag: Mittel.
Anbauempfehlung: Empfehlenswert in mittleren bis guten Lagen.

'Evita' – kernarm, mit hohem Anbauwert.

'Sophie'

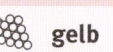 gelb   gut

Allgemeines: In Österreich gezüchtete Sorte, im Eigentum von Jörg Wolf, Bad-Dürkheim-Ungstein.
Trauben: Formschön, locker, wenig geschultert.
Beeren: : Kräftig gelb gefärbt, oval, mittel bis groß.
Austrieb: Mittelfrüh.
Reife: Ab Mitte September, Ernte bis Mitte Oktober.
Wuchs: Aufrecht und kräftig.
Anfälligkeit: Widerstandsfähig gegen Echten und Falschen Mehltau, gute Holzreife.
Ertrag: Mittel bis hoch.
Anbauempfehlung: : Laut Eigentümer für alle Lagen.

'Sophie' – optimales Aussehen, attraktiv für den Markt.

'Fanny'

 gelb   gut

Allgemeines: Kreuzung aus Ungarn, vermehrt und zum Sortenschutz beantragt von J. Wolf, Bad-Dürkheim-Ungstein.
Trauben: Sehr groß, geschultert.
Beeren: Groß, oval, gelb, knackig.
Austrieb: Mittelfrüh.
Reife: Anfang September.
Wuchs: Kräftig.
Anfälligkeit: Widerstandsfähig gegen Pilzkrankheiten, sehr gute Holzreife und Frosthärte.
Ertrag: Mittel bis hoch.
Anbauempfehlung: Kann nach vorliegenden Erfahrungen bis in Grenzlagen angebaut werden.

'Fanny', eine wohlschmeckende ungarische Züchtung.

'Lilla'

🍇 gelb ↕ 🍃 ❄ gut

Allgemeines: In Ungarn gezüchtet, vermehrt und Sortenschutz beantragt von J. Wolf, Bad-Dürkheim-Ungstein.
Trauben: Groß, kegelförmig, etwas geschultert.
Beeren: Groß, oval, gelb, knackig.
Austrieb: Früh.
Reife: Ende August.
Wuchs: Mittelstark bis kräftig.
Anfälligkeit: Widerstandsfähig gegen Pilzkrankheiten, sehr gute Holzreife und Frosthärte.
Ertrag: Mittlere bis gehobene Erträge
Anbauempfehlung: Geeignet für fast alle Standorte mit wuchskräftigen Böden.

'Lilla' ist in der Wärme Ungarns geboren.

'Königliche Ester'

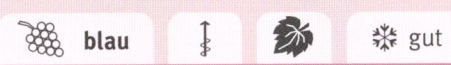
🍇 blau ↕ 🍃 ❄ gut

Allgemeines: Gezüchtet im Institut für Weinbau in Kecskemet, Ungarn, vermehrt und Sortenschutz beantragt von Rebschule Steinmann, Sommerhausen.
Trauben: Mittelgroß, geschultert.
Beeren: Dunkelblau, mittel bis groß, knackig.
Austrieb: Früh.
Reife: Ende August.
Wuchs: Mittelstark.
Anfälligkeit: Gute Resistenz gegen echten und falschen Mehltau, widerstandsfähig gegen *Botrytis*, sehr gute Holzreife und Frosthärte.
Ertrag: Mittel und gleichmäßig.
Anbauempfehlung: Für nahezu alle Standorte geeignet.

'Königliche Ester', die temperamentvolle aus Ungarn.

'Birstaler Muskat', eine kräftige Sorte aus der Schweiz.

'Birstaler Muskat'

grün | gut

Allgemeines: Eine Züchtung von S. und V. Blattner-Haefeli (Schweiz). Sortenschutz beantragt von V. Freytag, Neustadt (Weinstraße).
Trauben: Mittelgroß, locker.
Beeren: Grüngelb, rund, Muskatgeschmack.
Austrieb: Mittelfrüh.
Reife: Ende August/Anfang September.
Wuchs: Kräftig, aufrecht. Holzreife sehr gut.
Anfälligkeit: Deutlich pilzresistent, verrieselt bei nasskaltem Blütewetter, sehr frosthart.
Ertrag: Mittel bis hoch.
Anbauempfehlung: Nicht auf windexponierte kühle Standorte pflanzen. Sonst bis in Grenzlagen anbaubar.

'Muscat bleu', beliebtes Kind von amerikanischen und europäischen Eltern.

'Muscat bleu'

blau | gut

Allgemeines: Aus amerikanischen und europäischen Rebsorten in Genf gezüchtet.
Trauben: Groß und locker.
Beeren: Blau, groß, oval, knackig, Muskatton.
Austrieb: Früh.
Reife: Ende August/Anfang September.
Wuchs: Mittelstark.
Anfälligkeit: Gute Resistenz gegen Mehltau, empfindlich gegen Wind in der Blühphase, gute Frosthärte.
Ertrag: Mittel bis hoch.
Anbauempfehlung: Für windgeschützte Standorte, am West- und Südspalier bis in höhere Lagen.

'Palatina'

   gut

Allgemeines: Von Kosma Pal aus 'Villard Blanc' × 'Königin der Weingärten' in Ungarn gezüchtet. Vermehrt und Sortenschutz beantragt von V. Freytag, Neustadt an der Weinstraße.
Trauben: Groß, locker, geschultert.
Beeren: Oval, goldgelb, leichter Muskatton.
Austrieb: Früh.
Reife: Ende August/Anfang September.
Wuchs: Starkwüchsig, aufrecht.
Anfälligkeit: Tolerant gegen Echten Mehltau (bei geringem Infektionsdruck keine Behandlung nötig), resistent gegen Falschen Mehltau und auch Traubenfäule, gute Holzreife und Frosthärte.
Ertrag: Regelmäßig hoch.
Anbauempfehlung: Robuste Sorte, verbreitet anzubauen, windoffene Lagen meiden.

'Palatina' kam aus Ungarn in die sonnige Pfalz.

'Jakobsberger'

 gelb   gut

Allgemeines: Züchtung von Hermann Jäger, Ockenheim/ Rheinhessen.
Trauben: Groß und lockerbeerig, von gefälliger Form.
Beeren: Rund, groß, goldgelb, leicht aromatisch mit nur wenigen und weichen Kernen.
Austrieb: Mittelfrüh.
Reife: Mitte August bis Ende September.
Wuchs: Mittel bis stark.
Anfälligkeit: Ziemlich resistent gegen Echten und Falschen Mehltau.
Ertrag: Reich tragend.
Anbauempfehlung: Neue Sorte für geschützte Standorte.

'Artemis', als Göttin Herrin der Natur, als Tafeltraube ein Genuss.

'Artemis'

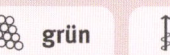  gut

Allgemeines: Züchtung von Hermann Jäger, Ockenheim/Rheinhessen.
Trauben: Geschultert, etwas kompakt.
Beeren: Kernlos, grün-gelb bis rötlich pigmentiert, ovale Form, bissfest, harmonisch im Geschmack.
Austrieb: Mittelfrüh.
Reife: Mitte August bis Ende September.
Wuchs: Mittel bis stark.
Anfälligkeit: Vorbeugende Maßnahmen gegen Pilzkrankheiten erforderlich.
Ertrag: Mittel bis gut.
Anbauempfehlung: Für gut belüftete Standorte.

'Nero', tiefblau und viel versprechend.

'Nero'

 blau   gut

Allgemeines: In Ungarn gezüchtet, wird in Deutschland für den Anbau erprobt.
Trauben: Mittelgroß, kompakt.
Beeren: Dunkelblau, mittelgroß, oval, knackig.
Austrieb: Früh.
Reife: Anfang September.
Wuchs: Stark wüchsig.
Anfälligkeit: Mittlere bis gute Resistenz gegen Mehltaukrankheiten, auf feuchten Standorten rasche Traubenfäulnis, sehr gute Holzreife und Frosthärte.
Ertrag: Mittel bis hoch.
Anbauempfehlung: Für fast alle rasch abtrocknenden Standorte geeignet.

'Galanth'

   gut

Allgemeines: Im Staatlichen Weinbauinstitut Freiburg im Breisgau aus den Sorten 'Solaris' und 'Muscat bleu' gezüchtet.
Trauben: Mittelgroß bis groß, gleichmäßig geformt, lockerbeerig.
Beeren: Groß, rot bis blauschwarz, eiförmig, knackig festes Fruchtfleisch, fein bukettierter Geschmack.
Austrieb: Früh bis mittel.
Reife: Früh ab Anfang September.
Wuchs: Kräftig, dunkelgrünes Laub.
Anfälligkeit: Sehr gute Festigkeit gegen pilzliche Krankheitserreger.
Ertrag: Hoch und gleichmäßig, lange erntefähig.
Anbauempfehlung: Noch für wärmere windgeschützte Lagen außerhalb der Weinbauzone.

'Decora'

   gut

Allgemeines: Eine Züchtung des Staatlichen Weinbauinstituts Freiburg im Breisgau.
Trauben: Mittelgroß, kompakt.
Beeren: Rosa, rund und mittelgroß, mit fruchtigem fein bukettiertem Geschmack.
Austrieb: Früh bis mittel.
Reife: Früh, ab Anfang September.
Wuchs: Mittel, etwas gedrungen.
Anfälligkeit: Verhältnismäßig gute Toleranz gegen pilzliche Krankheitserreger.
Ertrag: Hoch.
Anbauempfehlung: Für gut durchlüftete Standorte und wuchskräftige Böden. Trauben evtl. ziselieren (= Traube durch Entfernen von Beeren oder Traubenteilen auflockern).

'Decora', mit sehr dekorativen Trauben und Blättern.

'Rondo'

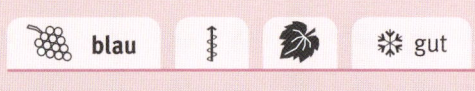

Allgemeines: Eine Züchtung aus der ehemaligen Tschechoslowakei, die in der Forschungsanstalt Geisenheim züchterisch weiter bearbeitet wurde. Dient vorwiegend der Weinbereitung.
Trauben: Groß und locker.
Beeren: Blau, mittelgroß und rund, saftig mit leichtem Süßkirschenaroma.
Reife: Früh, Anfang September.
Austrieb: Früh.
Wuchs: Kräftig, wenig aufrecht und dicht.
Anfälligkeit: Sehr widerstandsfähig gegen Falschen Mehltau, mäßig tolerant gegenüber Echten Mehltau. Etwas blüteempfindlich, sehr gut Frosthärte.
Ertrag: Hoch bei einwandfreiem Blüteverlauf.
Empfehlung: Auch für kühlere und schwere Böden in windgeschützten Lagen geeignet.

'Rondo' rundet als Keltertraube das Tafeltraubensortiment ab.

'Flame Seedless'
(= 'Red Flame')

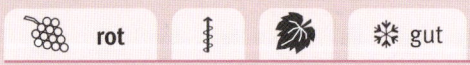

Allgemeines: Eine Kreuzung aus den Tafeltraubensorten Thompson Seedless und Cardinal. Gewann in jüngster Zeit zunehmende Bedeutung im professionellen Anbau.
Trauben: Mittelgroß bis groß
Beeren: Rotbraun bis tiefrot, kernlos mit festem knackigem und süß-sauer schmeckendem Fruchtfleisch.
Reife: Früh, erste Septemberdekade.
Austrieb: Früh.
Wuchs: Kräftig.
Anfälligkeit: Relativ gute Widerstandsfähigkeit gegen Echten und Falschen Mehltau.
Ertrag: Gut und gleichmäßig.
Anbauempfehlung: Außerhalb der Weinbaugebiete noch für klimatisch geringere Standorte geeignet, wenn sie geschützt und gut durchlüftet sind.

'Rosina'

 blau   gut

Allgemeines: Im Staatlichen Weinbauinstitut Freiburg im Breisgau aus 'Solaris' und 'Muskat bleu' gezüchtet.
Trauben: Mittelgroß, gleichmäßig geformt.
Beeren: Blau-schwarz, groß und leicht elliptisch, knackiges Fruchtfleisch, fein bukettierter Geschmack.
Austrieb: Früh bis mittel.
Reife: Noch früh, etwa ab 10. September.
Wuchs: Kräftig.
Anfälligkeit: Recht gute Toleranz gegen Pilzkrankheiten.
Ertrag: Mittel bis gut.
Anbauempfehlung: Für alle geschützten Standorte, mit nicht zu hoher Luftfeuchtigkeit.

'Rosina', attraktiv mit Trauben und Blattwerk.

'Calastra'

 grün   gut

Allgemeines: Im Staatlichen Weinbauinstitut Freiburg im Breisgau gezüchtet.
Trauben: Mittelgroß, langgestreckt und locker.
Beeren: Grün-gelb, groß und rund, mit feinsüßem, intensivem Fruchtgeschmack.
Austrieb: Früh bis mittel.
Reife: Mittelfrüh, ab zweite Septemberdekade.
Wuchs: Enorm kräftig mit sehr großen Blättern.
Anfälligkeit: Sehr gute Resistenz gegen Mehltau.
Ertrag: Mittel bis hoch.
Anbauempfehlung: Für nahezu alle Standorte. Zur Begrünung von Hauswänden und Pergolen hervorragend geeignet.

'Calastra', genussvoll und voller Zierde.

Mittelfrüh bis mittelspät reifende Sorten

'Königin der Weingärten', großfrüchtige Züchtung mit gutem Renommee.

'Königin der Weingärten'

  mittel

Allgemeines: Aus Ungarn, im Süden weit verbreitet.
Trauben: Mittelgroß, lockerbeerig.
Beeren: Groß, rund bis oval, weißgelb, knackig mit angenehmem Muskataroma.
Austrieb: Früh.
Reife: Mitte bis Ende September.
Wuchs: Sehr wüchsig mit vielen Nebentrieben.
Anfälligkeit: Empfindlich gegen Echten Mehltau und *Botrytis*, ausreichende Holzreife und Frosthärte.
Ertrag: Mittel bis hoch, schwankend.
Anbauempfehlung: Wärmebedürftig, kräftige Böden.

'Arkadia'

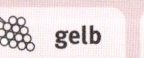   gut

'Arkadia', eine neue Sorte mit vielen Vorzügen.

Allgemeines: In Moldawien gezüchtete Sorte von Rebschule Schmidt in Obernbreit vermehrt.
Trauben: Sehr groß, etwas geschultert.
Beeren: Fast kernlose, große, spitzovale, süß und feinfruchtig schmeckende Beeren.
Reife: Ab Mitte September.
Wuchs: Kräftig.
Anfälligkeit: Widerstandsfähig gegen Pilzkrankheiten, gute Frosthärte.
Ertrag: Mittel bis hoch.
Anbauempfehlung: Anbau bis in Grenzlagen.

'Lakemont Seedless'
(= 'New York')

 grün   ❄ gut

Allgemeines: Kreuzung amerikanischer Sorten.
Trauben: Mittelgroß, lockerbeerig.
Beeren: Gelb-grün, kernlos, oval geformt, eher klein, mit neutralem, saftig süßem Geschmack.
Reife: Mittelfrüh, ab Mitte September.
Austrieb: Mittelfrüh.
Wuchs: Sehr kräftig mit großen Blättern.
Anfälligkeit: Resistent gegen Echten Mehltau, Blattbefall durch Falschen Mehltau möglich. Frosthart.
Anbauempfehlung: Auch für geschützte Standorte außerhalb der Weinbaugebiete.

'Lakemont' – süße Beeren ohne Kerne.

'Weißer Gutedel' und 'Roter Gutedel'

 grün, rot   ❄ gut

Allgemeines: Alte Sorten zur Weingewinnung in der Westschweiz und Südbaden.
Trauben: Groß, länglich, lockerbeerig.
Beeren: Groß, rund, grüngelb bzw. rot, saftig bis süß.
Austrieb: Mittelfrüh.
Reife: Ende September/Anfang Oktober.
Wuchs: Stark, ziemlich aufrecht.
Anfälligkeit: Empfindlich gegen Falschen Mehltau und Stiellähme), sehr gute Holzreife und Frosthärte.
Ertrag: Mittel bis hoch, etwas schwankend.
Anbauempfehlung: Kräftige, gut versorgte Böden, an wärmeren windgeschützten Standorten.

'Weißer Gutedel' erfreut seit alters her als Traube und Wein.

'Katharina'

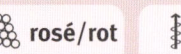 rosé/rot   gut

Allgemeines: Neuzüchtung aus Österreich zum Sortenschutz vom Eigentümer Jörg Wolf angemeldet.
Trauben: Locker, groß, formschön.
Beeren: Oval, rosé bis rotschalig, süß und fruchtig, mit erfrischender Säure.
Reife: Beginn Ende September,
Wuchs: Kräftig bis stark.
Anfälligkeit: Gute Resistenz gegen Pilzkrankheiten, nicht empfindlich für Botrytis.
Anbauempfehlung: Sonnige Standorte bevorzugen.

'Katharina' bringt eine neue Farbe ins Sortiment.

'Dornfelder'

 blau mittel

Allgemeines: In Württemberg für die Weinbereitung gezüchtet, seit 1980 für den Anbau zugelassen.
Trauben: Groß, lang, geschultert, meist lockerbeerig.
Beeren: Dunkelblau, blaugrau beduftet, mittelgroß, rund bis leicht oval, Saft leicht rot gefärbt, fruchtig süß.
Austrieb: Mittelfrüh.
Reife: Mitte bis Ende September.
Wuchs: Stark aufrecht.
Anfälligkeit: Gefährdet durch Falschen Mehltau, leidet unter Trockenheit.
Ertrag: Hoch bis sehr hoch.
Anbauempfehlung: Trockene Standorte und starke Winterfrösten meiden, großräumige Erziehung wählen.

'Dornfelder' – ein Emporkömmling setzt sich durch.

'Regent'

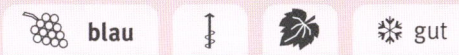
blau | gut

Allgemeines: Gezüchtet im Institut für Rebenzüchtung Geilweilerhof, hauptsächlich Keltertraubensorte.
Trauben: Mittelgroß, etwas locker.
Beeren: Blau, mittelgroß, rund, Saft leicht gefärbt.
Austrieb: Früh.
Reife: Mitte September.
Wuchs: Mittelstark.
Anfälligkeit: Resistent gegen Pilzkrankheiten, sehr gute Holzreife und Frosthärte.
Ertrag: Gleichmäßig mittlere Erträge.
Anbauempfehlung: Durch Resistenz und Frosthärte als Hausrebe für windgeschützte Lagen empfehlenswert.

'Regent', eine kräftig gefärbte Wein- und Tafeltraubensorte.

'Phoenix'

grün | gut

Allgemeines: Gezüchtet zur Weingewinnung von G. Alleweldt im Institut für Rebenzüchtung, Geilweilerhof bei Siebeldingen/Pfalz.
Trauben: Groß, leicht geschultert, dichtbeerig.
Beeren: Gelbgrün, groß, schwacher Muskatgeschmack.
Austrieb: Mittelfrüh.
Reife: Mitte bis Ende September.
Wuchs: Mittel bis stark, ziemlich aufrechte Triebhaltung.
Anfälligkeit: Resistent gegen Falschen Mehltau, resistent gegen Echten Mehltau, sehr gute Holzreife und Frosthärte.
Ertrag: In der Regel hoch.
Anbauempfehlung: Bis in Grenzlagen noch möglich.

'Phoenix' will als Wein- und Tafeltraube Karriere machen.

'Boskoop Glorie', ein Findelkind mit bemerkenswerten Eigenschaften.

'Boskoop Glorie'

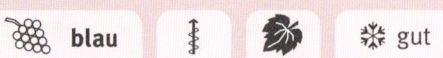 blau   🍃   ❄ gut

Allgemeines: Robuste amerikanische Hausrebe.
Trauben: Lockere, zuweilen stark geteilte Trauben.
Beeren: Blau, rund, mittelgroß bis groß. Inzwischen gibt es auch eine weiße Varietät.
Austrieb: Mittelfrüh.
Reife: Mitte bis Ende September.
Wuchs: Sehr kräftig.
Anfälligkeit: Resistent gegen Pilzkrankheiten, sehr gute Holzreife und Frosthärte.
Ertrag: Mittel bis hoch.
Anbauempfehlung: An sonnigen, geschützten Standorten überall möglich.

'Perle von Zala'

  grün   gut

Allgemeines: In Ungarn gezüchtet, gelegentlich auch unter dem ungarischen Namen 'Zala Gyöngye' bei uns angeboten, hauptsächlich Keltertraubensorte.
Trauben: Mittelgroß.
Beeren: Weiß, mittelgroß, dezenter Fruchtgeschmack.
Austrieb: Früh.
Reife: Mitte bis Ende September.
Wuchs: Kräftig.
Anfälligkeit: Widerstandsfähig gegen Pilzkrankheiten, sehr gute Holzreife und Frosthärte.
Ertrag: Mittel bis hoch, sehr ertragssicher.
Anbauempfehlung: Mit Ausnahme absoluter Grenzlagen überall anbaufähig.

'Perle von Zala', eine Perle ungarischer Rebenzüchtung, verbreitet auch als Weintraube.

'Hecker'

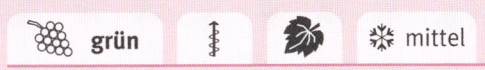
grün | mittel

Allgemeines: Züchtung aus dem Staatlichen Weinbauinstitut Freiburg mit dem Gutedel als Stammbaum, Sortenschutz erteilt, Vertrieb von der Raiffeisen-Rebenpflanzgut-Zentrale in Merdingen, Baden.
Trauben: Groß, ähnlich wie 'Gutedel', aber kompakter.
Beeren: Gelbgrün bei Vollreife, groß, elliptisch, mit feinem Geschmack.
Austrieb: Mittelfrüh.
Reife: Mitte bis Ende September.
Wuchs: Sehr kräftig.
Anfälligkeit: Gute Resistenz gegen Falschen Mehltau, schwächere gegen Echten Mehltau, etwas empfindlich gegen *Botrytis*; mittlere Holzreife und Frosthärte.
Ertrag: Hoch, wie bei 'Gutedel'.
Anbauempfehlung: Noch in Grenzlagen an sonnenexponierten Hauswänden und bei ausgeglichenem Klima (keine starken Winterfröste) möglich.

'Hecker', eine neue Wein- und Tafeltraube aus Baden.

'Angela'

gelb | gut

Allgemeines: Ungarische Züchtung, Sortenschutz beantragt von J. Wolf, Bad-Dürkheim-Ungstein.
Trauben: Groß, etwas geschultert, locker.
Beeren: Gelbgrün, groß, oval, knackig, saftig, neutraler Geschmack.
Austrieb: Früh.
Reife: Mitte bis Ende September.
Wuchs: Kräftig, geringe Geiztriebbildung.
Anfälligkeit: Sehr tolerant gegen Pilzkrankheiten, sehr gute Holzreife und Frosthärte.
Ertrag: Hoch.
Anbauempfehlung: Mit Ausnahme von absoluten Grenzlagen überall anbaufähig.

'Frumosa alba' will mit fruchtigem Geschmack überzeugen.

'Frumoasa alba'

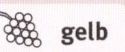 gelb   gut

Allgemeines: In Moldawien gezüchtet, von der Rebschule Schmidt in Obernbreit, vermehrt.
Trauben: Groß, locker, rötliches Stielgerüst.
Beeren: Groß, gelblich, kaum störende Kerne, vollreif mit an Ananas erinnernde Fruchtnote.
Reife: Mittelspät.
Wuchs: Kräftig.
Anfälligkeit: Widerstandsfähig gegen Echten und Falschen Mehltau, mit einer sehr guten Frosthärte.
Anbauempfehlung: Wärmere Standorte bevorzugen, dann aussichtsreiche Sorte.

'Georg', eine ideale Ergänzung zum blauen Tafeltraubensortiment.

'Georg'

 blau   gut

Allgemeines: In Österreich gezüchtete Sorte, vom Eigentümer Jörg Wolf, Bad-Dürkheim.
Trauben: Mittelgroß, lockerbeerig.
Beeren: Dunkelblau, groß, oval, im Geschmack mild und fruchtig.
Austrieb: Mittelfrüh.
Reife: Ab Ende September bis Ende Oktober.
Wuchs: Stark und aufrecht.
Anfälligkeit: Widerstandsfähig gegen Echten und Falschen Mehltau, wenig empfindlich gegen Botrytis, frosthart.
Ertrag: Hoch.
Anbauempfehlung: Geschützte Lagen.

'Bianca'

 grün

Allgemeines: In Ungarn gezüchtete Keltertraubensorte.
Trauben: Mittelgroß, länglich und locker.
Beeren: Gelbgrün, mittelgroß, rundlich, festschalig, saftig mit leichter Würze.
Austrieb: Mittelfrüh.
Reife: Ab Ende September.
Wuchs: Stark und aufrecht.
Anfälligkeit: Gute Resistenz gegen Echten und Falschen Mehltau, empfindlich während der Blüte gegen kühle Temperaturen und Wind, sehr gute Holzreife und Frosthärte.
Ertrag: Mittel bis hoch.
Anbauempfehlung: Für geschützte, sonnenexponierte Standorte (Hauswände, Gärten) und weiträumige Erziehung.

'Bianca', ausgestattet mit Süße und Würze, kennt man als Wein in Ungarn und der Schweiz.

'Rosetta'

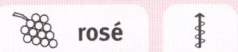 rosé

Allgemeines: Gezüchtet in Freiburg im Breisgau am Staatlichen Weinbauinstitut.
Trauben: Mittelgroß, kompakt und gleichmäßig geformt.
Beeren: Rosa, mittel bis groß und rund, verhalten bukettiert im Geschmack.
Reife: Mittelfrüh bis mittelspät, Ende September/Anfang Oktober.
Austrieb: Mittel.
Wuchs: Kräftig mit dichter Laubzone.
Anfälligkeit: Tolerant gegenüber pilzlichen Krankheitserregern.
Ertrag: Gut und gleichmäßig.
Anbauempfehlungen: Außerhalb der Weinbaugebiete nur in sonnenreichen, geschützten und gut durchlüfteten Standorten.

Mittelspät bis spät reifende Sorten

'Kodrianka'

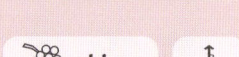 blau　　gut

Allgemeines: In Moldawien gezüchtet, Kreuzung von Moldawa × Marschalskij, vermehrt in der Rebschule H. Schmidt, Obernbreit.
Trauben: Sehr groß, formschön.
Beeren: Tiefblau, oval, süß schmeckend, kernarm.
Austrieb: Mittelfrüh.
Reife: Mittelfrüh, ab Mitte September.
Wuchs: Kräftig.
Anfälligkeit: Widerstandsfähig gegen Pilzkrankheiten, gute Frosthärte.
Anbauempfehlung: Für alle mittlere bis gute Lagen.

'Kodrianka', eine neue, fast kernlose Top-Sorte.

'Theresa'

 rosé　　gut

Allgemeines: In Ungarn gezüchtet, Sortenschutz bei Rebschule Steinmann, Sommerhausen.
Trauben: Sehr groß und lockerbeerig (siehe Bild gegenüber).
Beeren: Leicht roséfarben, groß, oval, fruchtiger Geschmack.
Austrieb: Mittelfrüh.
Reife: Spät, Mitte Oktober.
Wuchs: Stark, aufrecht, ohne Nebentriebe.
Anfälligkeit: Sehr gute Resistenz gegen Echten und Falschen Mehltau, sehr gute Holzreife und Frosthärte.
Ertrag: Mittel bis hoch.
Anbauempfehlung: Wegen später Reife außerhalb der Weinanbaugebiete nur für besonders geschützte Standorte.

'Blauer Gänsfüßer'

 blau   ❄ gut

Allgemeines: Alte Sorte; früher (16. bis 19. Jh.) als Keltertraube in der Pfalz, in Württemberg und der Steiermark angebaut, heute vereinzelt als Hausrebe.
Trauben: Sehr groß, lang, walzenförmig und geschultert.
Beeren: Mittelgroß, rund, dunkelblau, grau-blau beduftet, im Geschmack saftig, fruchtig säuerlich.

Austrieb: Mittelfrüh bis spät.
Reife: Mitte bis Ende Oktober.
Wuchs: Sehr stark.
Anfälligkeit: Empfindlich gegen Echten und Falschen Mehltau, ziemlich frosthart.
Ertrag: Hoch, wenn genügend Standraum.
Anbauempfehlung: Für klimatisch begünstigte Standorte, braucht viel Raum, deshalb für große Pergolen oder Hauswände geeignet.

'Theresa', eine robuste Sorte, die aber einen geschützten Standort braucht.

Zierreben

Vitis coignetiae, die Japanische Rebe – robust, wuchskräftig und jede Pergola schmückend.

Japanische Rebe
Vitis coignetiae

   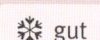

Eine robuste, wuchskräftige Sorte, als Zierrebe gerne genutzt, mit schön geformten, großen, tiefgrünen Blättern, die sich im Herbst prächtig rot verfärben. Auffallend sind auch die tief karminroten Triebe und Ranken sowie die dicht rostrot behaarten Triebspitzen. Sie wächst rasch und kräftig. Ein Schnitt ist nur insoweit erforderlich, wie er das gleichmäßige Überwachsen einer Pergola unterstützt.

Uferrebe
Vitis riparia (syn.: *V. vulpina*)

Eine amerikanische Art, die wegen ihrer guten Widerstandsfähigkeit gegen Wurzelreblaus in der Kreuzungszüchtung eine dominierende Rolle spielte. *Riparia*-Erbgut ist in allen wichtigen Unterlagssorten vertreten. Sie wächst kräftig, liebt tiefgründige, fruchtbare Böden, verträgt aber keinen Kalk. Sie stellt nur geringe Wärmeansprüche und ist widerstandsfähig gegen Frost.

Überblick über die Tafeltrauben für den Hausgarten

Reifezeit	Sorten	Beerenfarbe	Schnitt**)	Ertrag	Hinweise
Mitte August	'Perle von Czaba'*)	gelblich, grün	kurz, Zapfen	schwankend	blüteempfindlich
	'Aurora'	goldgelb	lang	gut bis sehr gut	noch für feucht, kühles Klima
	'Osella'	rot bis blauschwarz	lang, auch kurz	mittel bis gut	widerstandsfähig gegen Pilzkrankheiten, frostfest
	'Mitschurinski'	schwarzblau	lang	sehr gut	widerstandsfähig gegen Pilzkrankheiten, frostfest
	'Ganita'	rosa	lang, auch kurz	mittel bis hoch	widerstandsfähig gegen Pilzkrankheiten
	'Königliche Magdalenentraube'	gelblich, grün	lang	gut	für Südwände, warme Böden, fäulnisempfindlich
	'Evita'	hell-dunkelgelb	lang	mittel	botrytisfest, kernarm
	'Sophie'	kräftig gelb	lang, auch kurz	mittel bis hoch	widerstandsfähig gegen Pilzkrankheiten
	'Garant'	grüngelb	lang	mittel	widerstandsfähig gegen Pilzkrankheiten
	'Fanny'	gelb	lang	mittel bis hoch	widerstandsfähig gegen Pilzkrankheiten
	'Lilla'	gelb	lang	mittel bis gut	widerstandsfähig gegen Pilzkrankheiten
	'Birstaler Muskat'	grüngelb	lang	mittel bis hoch	widerstandsfähig gegen Pilzkrankheiten
	'Königliche Ester'	dunkelblau	lang	mittel	widerstandsfähig gegen Pilzkrankheiten
	'Muscat bleu'	blau	lang	mittel bis hoch	widerstandsfähig gegen Pilzkrankheiten
	'Palatina'	goldgelb	lang	gut	widerstandsfähig gegen Pilzkrankheiten
	'Jakobsberger'	gelb	lang, auch kurz	gut bis sehr gut	widerstandsfähig gegen Pilzkrankheiten
	'Artemis'	grüngelb	lang, auch kurz	gut	kernlos
	'Nero'	dunkelblau	lang	mittel bis hoch	widerstandsfähig gegen Pilzkrankheiten

Überblick über die Tafeltrauben für den Hausgarten — Fortsetzung

Reifezeit	Sorten	Beerenfarbe	Schnitt**)	Ertrag	Hinweise
Mitte August	'Galanth'	rot bis blau-schwarz	lang, auch kurz	sehr gut	widerstandsfähig gegen Pilzkrankheiten
	'Decora'	rosa	lang, auch kurz	hoch	widerstandsfähig gegen Pilzkrankheiten
	'Rondo'	blau	lang, auch kurz	mittel bis hoch	widerstandsfähig gegen Pilzkrankheiten
	'Flame Seedless'	rotbraun	lang	gut	kernlos, widerstandsfähig gegen Pilzkrankheiten
	'Rosina'	blau-schwarz	lang	mittel	widerstandsfähig gegen Pilzkrankheiten, dekoratives Laub
	'Calastra'	grüngelb	lang	mittel bis hoch	widerstandsfähig gegen Pilzkrankheiten, dekoratives Laub
Mitte September bis Mitte Oktober	'Königin der Weingärten'	gelb	lang, auch kurz	gut	kräftiger Wuchs
	'Weißer Gutedel'	gelbgrün	kurz, auch lang	gut	für kräftige Böden, frostfest
	'Roter Gutedel'	rötlich	kurz, auch lang	gut	für kräftige Böden, frostfest
	'Katharina'	rosé bis rot	lang	mittel bis hoch	stielfest, widerstandsfähig gegen Pilzkrankheiten
	'Lakemont Seedless'	gelbgrün	lang	mittel	kernlos, widerstandsfähig gegen Pilzkrankheiten
	'Regent'	blau	lang, auch kurz	mittel	resistent gegen Pilzkrankheiten
	'Phoenix'	gelbgrün	lang	sehr gut	resistent gegen Pilzkrankheiten
	'Dornfelder'	dunkelblau	kurz bis mittellang	sehr gut	robust, für kräftige Böden
	'Boskoop Glorie'	blau	lang	mittel bis hoch	resistent gegen Pilzkrankheiten
	'Perle von Zala'	weissgelb	lang	mittel bis hoch	widerstandsfähig gegen Pilzkrankheiten

Überblick über die Tafeltrauben für den Hausgarten — Fortsetzung

Reifezeit	Sorten	Beerenfarbe	Schnitt**)	Ertrag	Hinweise
Mitte September bis Mitte Oktober	'Hecker'	gelbgrün	lang	sehr gut	widerstandsfähig gegen Pilzkrankheiten
	'Angela'	gelbgrün	lang	hoch	widerstandsfähig gegen Pilzkrankheiten
	'Rosetta'	roas	lang, auch kurz	gut	widerstandsfähig gegen Pilzkrankheiten
	'Müller Thurgau'	grüngelb	lang, auch kurz	hoch	nicht auf feuchte Standorte
	'Regina'	gelbgrün	lang, auch kurz	mittel bis hoch	sehr frostempfindlich
Mitte Oktober bis Anfang November	'Bianca'	gelbgrün	lang	mittel bis hoch	widerstandsfähig gegen Pilzkrankheiten
	'Trollinger'	blau	lang, auch kurz	sehr gut	kräftige Böden, empfindlich gegen Mehltau
	'Theresa'	schwach rosé	lang	mittel bis hoch	resistent gegen Pilzkrankheiten
	'Blauer Gänsfüßer'*)	dunkelblau	lang	sehr gut	weiträumig erziehen

*) wenig im Handel
**) kurz = Zapfen (2–4 Knospen), lang = Ruten (mind. 6–8 Knospen)

Hinweis: Alle blauen Sorten färben im Herbst ihr Laub rötlich

Weinreben pflanzen, erziehen, pflegen

Das Wachsen und Gedeihen der Rebe erfordert bereits bei der Pflanzung große Sorgfalt. Doch erst eine standortgerechte Erziehung sowie angemessene Pflege und Düngung sichern den Ertrag. Voraussetzung dafür sind einige Kenntnisse über die Biologie und Entwicklung der Weinrebe.

- Das Pflanzmaterial 50
- Reben pflanzen und aufziehen 54
- Wie lassen sich Reben am Haus ziehen? 59
- Biologie und Entwicklung der Rebe 67
- Reben schneiden und anbinden 74
- Laubarbeiten 78
- Die richtige Düngung 80
- Auch der Boden braucht Pflege 86

Das Pflanzmaterial

Die Rebe wird vegetativ über Stecklinge vermehrt, da ihre Sämlinge stark aufspalten. Stecklinge werden in der Regel in Spezialbetrieben in einem recht umständlichen Verfahren herangezogen. Anlass hierfür ist die Reblaus (siehe Seite 99), die im 19. Jahrhundert aus Amerika eingeschleppt wurde. Sie schädigte europäische Reben an den Wurzeln so stark, dass Tausende Hektar Weinberge zu Grunde gingen.

Schließlich erkannte man, dass amerikanische Reben an den Wurzeln widerstandsfähig gegen den Schädling sind und sich die Laus an den Blättern europäischer Sorten nicht entwickeln kann. Seitdem pfropft man Triebe (Reiser) europäischer Sorten (= Edelreis) auf einen 25–30 cm langen, verholzten Trieb (= Unterlage) amerikanischer Rebsorten und zieht diese Kombination dann im Gewächshaus und anschließend in der Rebschule als so genannte **Pfropfrebe** heran.

Dieses Verfahren erlaubte nicht nur, die bewährten und qualitativ wertvollen europäischen Sorten zu erhalten, sondern ist gleichzeitig ein frühes klassisches Beispiel für die biologische Abwehr eines Schädlings.

Die Pfropfunterlage

Die von amerikanischen Rebsorten stammenden Unterlagen werden in Europa in eigens dafür vorgesehenen Schnittgärten gewonnen. Die wichtigsten Sorten – in der Reihenfolge abnehmender Wuchskraft – sind:

- 5 BB
- 125 AA
- 5 C
- Börner
- 26 G
- SO4
- Binova
- 8 B
- 3309 C (Couderc).

Mit Ausnahme der 3309 C besitzen alle eine gute Kalkverträglichkeit. Für Hausreben, mit denen ein umfangreiches Stockgerüst aufgebaut werden soll oder die in einen leichten Boden gepflanzt werden, sind kräftig wachsende Unterlagen zu bevorzugen. Zu empfehlen und üblich sind Pfropfungen auf 5 BB und 5 C. Das Pflanzmaterial wird in Rebschulbe-

Vorbildlich bewurzelte Pflanzrebe mit paraffiniertem Pfropfkopf.

Die wichtigsten Unterlagensorten

Sorte	Kreuzung	Wuchs	Kalkverträglichkeit	Eignung für
5 BB	Vitis berlandieri × Vitis riparia	sehr stark	gut	wuchsschwache Böden, darüber hinaus für hohe Stockbelastung und weite Standräume
125 AA	Vitis berlandieri × Vitis riparia	stark bis sehr stark	sehr gut	schwere, strukturarme Böden, für mittlere bis große Standräume
5 C	Vitis berlandieri × Vitis riparia	mittel bis stark	noch gut	nicht für kalkreiche oder nasse und kalte Böden
Börner	Vitis riparia × Vitis cinerea	mittel bis stark	noch gut	nicht für kalkreiche, oder nasse und kalte Böden
26 G	'Trollinger' × Vitis riparia	mittel	sehr gut	fast alle Böden; Sorte ist nicht reblausfest
SO 4	Vitis berlandieri × Vitis riparia	mittel	sehr gut	fruchtbare, nicht zu trockene Böden, für mittlere Standräume, hemmt Verrieselung
Binova	Vitis berlandieri × Vitis riparia	mittel	sehr gut	fast alle Böden, für verrieselungsempfindliche Sorten
8 B	Vitis berlandieri × Vitis riparia	mittel	hervorragend	chlorosegefährdete Standorte, nicht für flachgründige und trockene Böden
3309 Couderc	Vitis riparia × Vitis rupestris	eher schwach	gering	tiefgründige fruchtbare Böden, verrieselungsempfindliche Sorten und geringe Standräume

Nach: Müller et al. 1999 (siehe Seite 92)

trieben hergestellt, von denen eine Reihe auch Pflanzreben von Tafeltraubensorten erzeugen (siehe Seite 122).

Wie wird gepfropft?

Bei der Pfropfung des Edelreises auf die Unterlage wurde der frühere, nur von Hand durchzuführende englische Kopulationsschnitt weitgehend durch maschinelle Methoden ersetzt. Dabei werden aus Edelreis und Unterlage spiegelbildlich ein Keil, ein Omega oder Lamellen herausgefräst und beide Teile dann zusammengefügt. Damit sie zusammenwachsen und sich bewurzeln, werden die Pfröpflinge im Treibhaus vorgetrieben und anschließend den Sommer über in einer Rebschule im Freien sorgsam herangezogen. Vor Wintereinbruch werden die Pfropfreben

Veredlungsverfahren bei der Tischveredlung
① Englischer Kopulationsschnitt mit Gegenzunge
② Jupiterschnitt
③ Lamellenveredlung
④ Omegaschnitt

ausgeschult, sortiert, geprüft und stehen nun als **einjährige Reben** erstmals zum Verkauf. In der Regel übernimmt der Erzeuger die Überwinterung der Reben, packt sie im Frühjahr in Töpfe oder Container und hält sie bis zum Sommer zum Verkauf bereit.

> **Mein Rat**
>
> Es empfiehlt sich, die Reben bereits im Herbst zu bestellen, aber erst im Frühjahr zu beziehen, weil der Erzeuger über die besseren Überwinterungsmöglichkeiten verfügt.

Qualitätskriterien

Einwandfreie einjährige Reben müssen rund um die Veredlungsstelle einen gleichmäßigen, gut ausgebildeten Kalluswulst zeigen und haben am Fuß mindestens drei kräftige und gleichmäßig verteilte Hauptwurzeln. In dieser Form gekauft, erfolgt ihre sachgerechte **Lagerung** bis zur Pflanzung im Sand- oder Torfeinschlag in kühlen, nicht zu feuchten Räumen. Im Freien werden sie an witterungsgeschützten Stellen bis über die **Veredlungsstelle** (= die Verbindungsstelle zwischen Edelreis und Unterlage) in krümelige Erde eingeschlagen. Bei großer Frostgefahr muss auch der Edelreistrieb mit schützendem Material abgedeckt werden.

Weniger arbeitsaufwändig ist der Bezug von Pflanzreben **im Topf** oder **Container** im Laufe des Frühjahrs. Die besondere Lagerung entfällt dann, und die Reben können jederzeit gepflanzt werden. Da sich die Bewurzelung nicht mehr kontrollieren lässt, müssen hier ein entsprechend ausgebildeter Kalluswulst und ein normal entwickelter Trieb mit vollkommener Triebspitze als Qualitätskriterien genügen. Wenn diese Reben nicht sofort gepflanzt werden können, sind zur vorübergehenden Aufbewahrung der Sonne ausgesetzte Stellen im Freien zu meiden. Die Erde im Topf wird bis zur Pflanzung feucht, aber auf keinen Fall nass gehalten.

Mein Rat

Der Kauf von Pflanzreben direkt beim Erzeuger in den Weinbaugebieten garantiert in der Regel eine große und preisgünstige Auswahl. Außerdem gibt es dazu wertvolle Anbauhinweise kostenlos.

Im Container angebotene Reben erleichtern das Pflanzen, und man ist weniger termingebunden.

Reben pflanzen und aufziehen

Maßgebend für das Gelingen der Pflanzung sind die richtige Wahl der Pflanzstelle, eine gründliche Vorbereitung des Bodens, die sachgemäße Behandlung der Pflanzrebe und die Sorgfalt bei der Pflanzung.

Standort und Pflanzstelle

Sonnenexponierte, windgeschützte Stellen in Gärten, an Hauswänden und Mauern sind umso eher vorzuziehen, je weiter man von den Weinbaugebieten entfernt ist. Der Rebe genügt eine Pflanzfläche von 20 × 30 cm. Zu Mauern ist ein Abstand von mindestens 20 cm einzuhalten.

Der **Pflanzabstand von Rebe zu Rebe** beträgt für Spalierreihen, Laubengänge, hohe Spalierwände und einen vertikalen Kordon 1 m–1,50 m, je nach Wuchskraft von Sorte und Boden. Die Erziehung im waagerechten Kordon erlaubt Abstände von 2 m bis 3 m. Von Reihe zu Reihe wird ein Abstand von 1,50 m–2,0 m gewählt.

Bei Pergolen passt man die Abstände den Raumverhältnissen an, da in der Vertikalen nur der Stamm hochgezogen wird und man davon rechtwinklig in der Waagerechten das Stockgerüst auslegt. Die Abstände sollten aber auch hier 1 m nicht unterschreiten.

Bodenvorbereitung

Der Boden muss gut gelockert, durchlässig und reichlich mit Nährstoffen versehen sein. Zweckmäßig ist im Herbst oder Winter eine gründliche Lockerung bis in Wurzeltiefe, wobei in strukturarmen sowie bindigen und schweren Böden gleichzeitig strukturverbessernde Materialien, wie Kompost oder Torf, eingearbeitet werden. Roher oder frisch aufgefüllter Boden sollte über ein Jahr zunächst mit tief wurzelnden **Gründüngungspflanzen** bestellt oder mit organischer Masse abgedeckt werden.

Reben am Haus verleihen der Dorfstraße einen besonderen Reiz.

1 In das Pflanzloch gibt man 1–2 l Pflanzerde und Kompost. Reiclich Nährstoffe sind wichtig.

2 Der Rebenkopf soll exakt beim Pflanzpfahl stehen, die Veredlungsstelle 3 cm über der Erde.

3 3–5 l Wasser in das halb mit Kompost und Erde gefüllte Pflanzloch fördert das Anwachsen.

4 Die Pflanzung ist beendet. Paraffinierte Reben müssen nicht extra abgedeckt werden.

Die im Weinbau empfohlene **Vorratsdüngung** mit mineralischen Nährstoffen ist auch bei Hausreben von Nutzen. Dazu sollte man am besten zunächst eine Bodenuntersuchung vornehmen lassen (siehe Seite 83). Fehlen für die Bemessung der Düngermengen die Ergebnisse einer Bodenuntersuchung, gibt man vorsorglich pro m² Standraum 120–180 g schwefelsaures Kalium und jeweils 60–100 g Phosphatdünger und Kieserit. Bei schwach sauren bis sauren Böden werden noch 300–500 g kohlensaurer Kalk pro m² verabreicht. Die Mineraldünger werden im Verlauf der Bodenlockerung eingearbeitet.

Pflanzzeit

Der beste Pflanzzeitpunkt für Reben liegt in den Monaten April und Mai. Die Herbstpflanzung bewurzelter Reben ermöglicht eine zeitige Entwicklung im Frühjahr, ist aber mit dem Risiko von Frost- oder Nässeschäden im Winter behaftet.

Reben pflanzen

Zum Pflanzen wird den Reben entweder ein sichtbares Auge am verholzten Edelreistrieb bzw. ein grüner Trieb bei bereits ausgetriebe-

Mein Rat

Der saubere Rückschnitt der Rebwurzeln regt die Neuwurzelbildung an. Bei zu starkem Rückschnitt gehen Reservestoffe verloren.

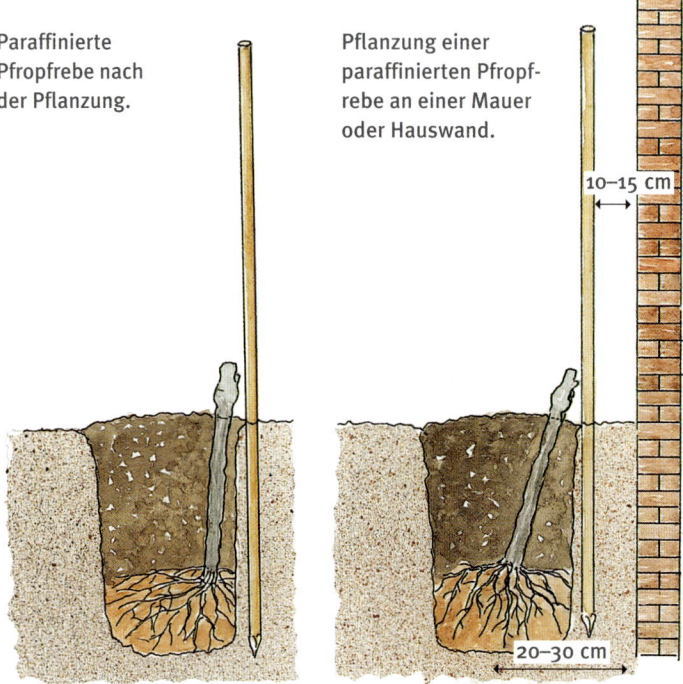

Paraffinierte Pfropfrebe nach der Pflanzung.

Pflanzung einer paraffinierten Pfropfrebe an einer Mauer oder Hauswand.

10–15 cm

20–30 cm

nen Topf- oder Containerreben belassen. Dazu müssen bei **Reben aus dem Einschlag** die Wurzeln bis auf Handbreite zurückgeschnitten werden.
Diese Setzlinge sind vor dem Pflanzen zunächst 10–12 Stunden zu wässern und bis zur endgültigen Pflanzung vor Austrocknung zu schützen. Bei **Topf- oder Containerreben**

wird lediglich der Erdballen gründlich angefeuchtet.
Zum Pflanzen hebt man mit dem Spaten ein Pflanzloch mit ca. 20 cm Seitenlänge und 30 bis 35 cm Tiefe aus, Steine sind zu entfernen. Die Sohle wird gelockert und die Erde mit 1 bis 2 Liter Pflanzerde vermischt und dabei kegelförmig im Pflanzloch angeordnet. Auf diesen Kegel stellt man den bewurzelten Steckling so, dass die Wurzeln gleichmäßig nach allen Seiten verteilt werden können und die Veredlungsstelle sich noch 3–4 cm über der Bodenoberfläche befindet.
Von Mauern und Hauswänden sollen die Wurzeln ca. 30 cm entfernt sein. Nachdem die Rebe sitzt, gibt man bis zur Hälfte des Pflanzloches feinkrümelige Erde dazu und drückt damit die Wurzeln etwas an, damit sie Bodenkontakt erhalten. Unterstützt wird diese Maßnahme durch die Zugabe von 3–5 Liter Wasser, womit gleichzeitig die Feuchtigkeit zum besseren Anwachsen geliefert wird.
Die Grube wird jetzt aufgefüllt und Rebenköpfe ohne schützende Paraffinschicht mit feiner Erde oder Torf abgedeckt. Topf- oder Containerreben werden genauso gepflanzt, das Andrücken der Wurzeln muss aber unterbleiben, weil sonst die frischen Wurzeln im

Mein Rat

Die Zugabe mineralischer oder organisch-mineralischer Dünger ins Pflanzloch muss unterbleiben, da sonst die Wurzeln geschädigt werden können.

Ballen beschädigt werden würden. Bei anhaltend trockener und heißer Witterung nach dem Pflanzen sind die Reben nach 10–14 Tagen nochmals kräftig zu gießen. Jede Rebe erhält einen **Pflanzpfahl** aus Holz oder Metall, der mindestens der Länge des späteren Stammes entsprechen muss. Gitter oder Hüllen aus Kunststoff schützen den jungen Austrieb vor Wildfraß.

Mein Rat

Eine mineralische Düngung im Jahr der Pflanzung ist überflüssig, da die Nährstoffvorräte des Bodens für die Anfangsentwicklung der Rebe ausreichen.

Aufzucht der Jungreben im 1. Jahr

Die Aufzucht beginnt nach dem Austrieb, indem der Rebenkopf, sofern erforderlich, freigeräumt wird. An ihm entwickeln sich meist mehrere Triebe (2–3). Von ihnen wird nur derjenige belassen und gerade hochgezogen, der die direkteste Fortsetzung zur Wurzelstange bildet. Die übrigen werden sorgfältig ausgebrochen oder sauber abgeschnitten, sobald keine Spätfröste (Maifröste) mehr zu erwarten sind. Der verbleibende Trieb muss regelmäßig am Pfahl angebunden werden, damit ein gerader Stamm heranwachsen kann.

Die im Laufe des Sommers aus den Blattachseln wachsenden Nebentriebe (Geize) werden bis zur späteren Stammhöhe vorsichtig ausgebrochen oder bis auf zwei Blätter eingekürzt. Erst im Laufe des Septembers kann zum Wachstumsabschluss auch die Spitze kräftig gewachsener Haupttriebe entfernt werden.

Mit Beginn des Austriebs sind nichtresistente Sorten regelmäßig (alle 8–10 Tage) gegen Echten und Falschen Mehltau zu behandeln (siehe Seite 90/91). Der Boden ist in unmittelbarer Nähe der Rebe von Unkräutern freizuhalten und gelegentlich zu lockern. Vor Wintereinbruch empfiehlt es sich, den noch empfindlichen Pfropfkopf und die Triebbasis mit Erde oder sonstigem isolierenden Material vor Frostschäden zu bewahren.

Im Pflanzjahr wird nur ein Trieb hochgezogen.

Im Jahr nach der Pflanzung erfolgt der Rückschnitt des einjährigen Triebes (links) zu einem Stämmchen (Mitte). Daran verbleiben im Sommer die oberen 2–5 Triebe (rechts).

Aufzucht im Folgejahr

Im kommenden Frühjahr beginnt nach dem Freiräumen der eigentliche Stockaufbau. Der inzwischen verholzte einjährige Trieb wird abhängig von der vorgesehenen Erziehungsart auf 60–100 cm Stammhöhe zuzüglich 20 cm zurückgeschnitten. Bei Bedarf sind auch höhere Stämme möglich. Allerdings soll der Trieb an der Schnittstelle noch mindestens 8–10 mm stark sein.

Wenn die Wuchsleistung zum Anschnitt eines Stämmchens nicht ausreicht, schneidet man besser auf zwei Augen zurück und beginnt mit dem Stockaufbau erst im kommenden Jahr. Sind die Knospen ausgetrieben und keine Spätfröste mehr zu befürchten, werden je nach Wuchskraft die oberen 2–5 Triebe belassen, die unteren restlos entfernt.

Die verbleibenden Triebe sind entsprechend dem Wachstum locker am Pflanzpfahl bzw. an der bereits aufgebauten Unterstützungsvorrichtung zu befestigen. Sie dienen im Folgejahr sowohl dem weiteren Stockaufbau als auch der Traubengewinnung. Erst dann beginnt die eigentliche Erziehung der Reben, und die jeweilige Erziehungsart nimmt nach und nach Gestalt an.

Wie lassen sich Reben am Haus ziehen?

Reben müssen relativ streng erzogen (formiert) werden und dürfen nicht ungestört wachsen, wenn man regelmäßig Ertrag erzielen und sie angemessen pflegen will. Dabei muss man das erblich bedingte Wuchsverhalten berücksichtigen, wonach stets das Wachstum in der Spitze gefördert wird. Die am höchsten liegenden Knospen treiben also bevorzugt aus, und ihre Triebe wachsen entsprechend am kräftigsten.

Sich selbst überlassene Reben würden an ihrer Basis rasch verkahlen und außer Form geraten. Insbesondere mit dem alljährlichen Rebschnitt (siehe Seite 74) beugt man daher dieser Entwicklung vor. Für jede Erziehungsform benötigt man eine entsprechende Unterstützung, durch die auch die grünen, noch unverholzten Triebe Halt finden und sich festranken können.

Die **Erziehungsformen** werden nach Form und Länge der einjährigen fruchtbaren Triebe (Fruchtholz) unterschieden.
Es gibt:
- Flachbogen-
- Halbbogen- und
- Bogenerziehung (jeweils 8 Augen pro Trieb und mehr).
- Strecker- (4–8 Augen) und
- Zapfenerziehung (2–4 Augen).

Nach der Form des »alten«, also zwei- und mehrjährigen Holzes, unterscheidet man
- Hochstamm-
- Kordon- und
- Pergolaerziehung.

Während die Altholzform in der Regel für die Lebenszeit der Rebe festgelegt wird, kann die Fruchtholzform wechseln.

Bogen und Kordon

Die klassische Bogenerziehung ist die einfachste Erziehungsform und empfiehlt sich bei einem niedrigen Wandspalier oder freistehenden Rebreihen. Die Reben stehen im Abstand von 1,0 m–1,5 m, der Stamm ist 0,8 m–1,0 m hoch. Auf dem den Stamm nur kurz verlängernden Altholz werden ein bis zwei Fruchtruten angeschnitten und in einen mehr oder weniger halbkreisförmigen oder stark abgeknickten, flach auslaufenden Bogen geformt und an der Unterstützungsvorrichtung befestigt.

Für den gleichen Zweck kann auch eine Kordonerziehung eingerichtet werden, indem man vom Stamm ausgehend zunächst ein- oder beidseitig auf einem Draht Altholzarme heranzieht und erst darauf das Fruchtholz anschneidet. Dabei werden Strecker im Abstand von 30 cm, Zapfen mit 20 cm Abstand geschnitten (siehe Seite 74). Der Kordonarm wird so lange verlängert bis der zur Verfügung stehende Raum ausgefüllt ist.

Die für beide Erziehungsformen erforderliche Unterstützungsvorrichtung orientiert sich am praktischen Weinbau. Man benötigt dazu Pfähle aus Holz, Metall oder Kunststoff von 2,25–2,50 m Länge und 2,5 bis 2,8 mm stark verzinkte oder 2,8–3,0 mm starke kunststoffummantelte Drähte, dazu das erforderliche Kleinmaterial (Haften, Haken, Nägel) und für frei stehende Rebreihen Material zur Verankerung.

Verzinkte Stahlpfähle in ausreichender Stärke sollten den Vorzug vor Pfählen aus Holz erhalten. Dies ist nicht nur eine Frage der Haltbarkeit, sondern Stahlpfähle sind auch mit Vorrichtungen zum Einhängen der Drähte versehen, während in Holzpfähle dafür eigens Haften und/oder Haken eingeschlagen werden müssen. Das ist aufwändig und gar nicht so einfach.

Beispiele für die Rebenerziehung am Haus

1 Weinreben am Spalier entlang eines Gartenweges…

2 …oder als Willkommensgruß am Gartentor.

3 Sie beleben kahle Mauern…

4 …und beschatten den CarPort.

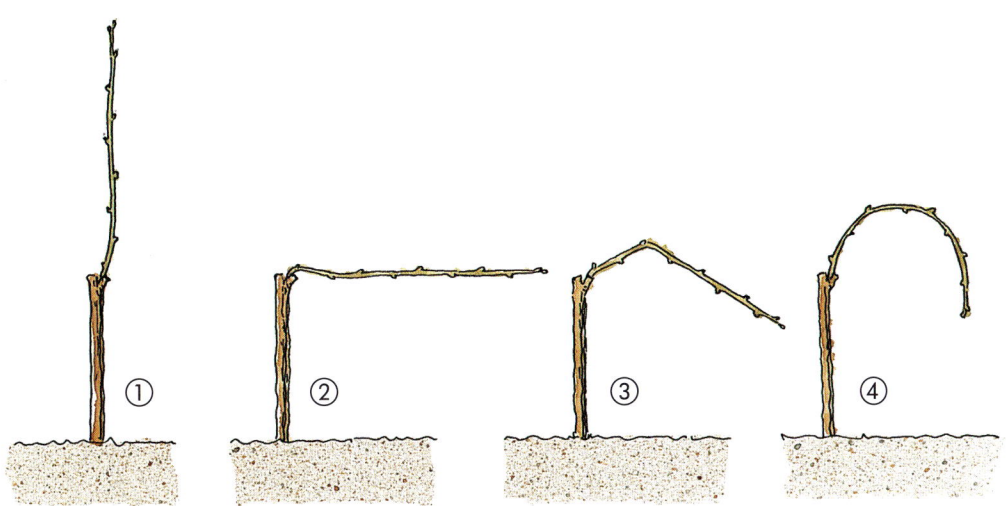

Fruchtholzformen: Die angeschnittene Fruchtrute (①, mit mehr als 8 Augen) wird geformt zu einem Flachbogen ②, Halb- bzw. Streckbogen ③ oder Halb- bzw. Pendelbogen ④.

Die Verankerung der Unterstützung

Die Stabilität der Unterstützungsvorrichtung frei stehender Rebreihen ist von den Endpfählen und ihrer Verankerung abhängig. Endpfähle sind mit 2,50–2,75 m länger als Mittelpfähle und werden 60–70 cm tief in den Boden eingeschlagen. Für eine Verankerung auf Zug muss ein Winkel zum Boden von 60–70° eingehalten werden. Ein Anker ist lotrecht unterhalb des Pfahlkopfes bis in den gewachsenen Boden einzubringen. Vorgefertigte Anker, bestehend aus einem Stab mit Öse und Ankerscheibe, sind einfacher zu handhaben als ersatzweise zu ver-

Bei **Kordonerziehung** werden **Strecker** (4–8 Augen, links) oder **Zapfen** (2–4 Augen, rechts) angeschnitten.

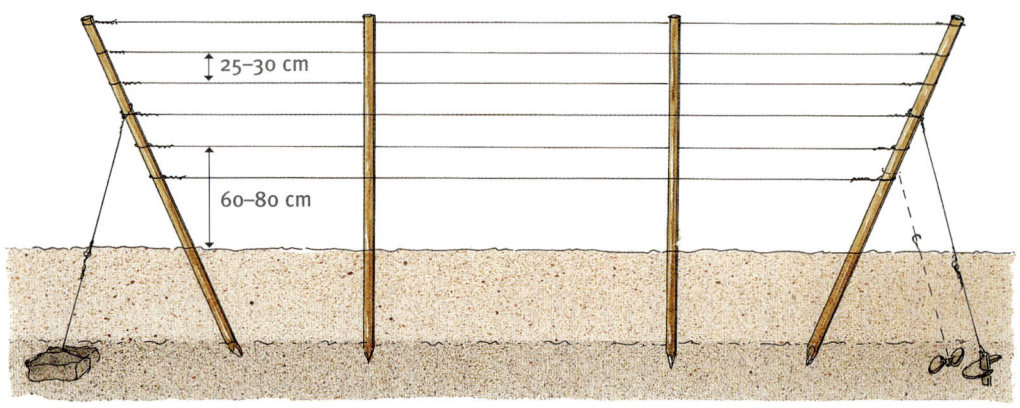

Spalierdrahtrahmen für eine Rebreihe an der Wand. Die Verankerungen können mit Stein oder Betonklotz (links), Ankerscheibe mit Draht oder Ankerscheibe mit Stahlstab (rechts) erfolgen.

wendende Bruchsteine, Eisenschienen oder Betonklötze. Ein kräftiger Draht (3,0 mm) verbindet den Anker mit dem Endpfahl im oberen Drittel.

Bei einer Stützverankerung wird der Endpfahl senkrecht eingeschlagen und mit einer Strebe auf einer in den Boden eingelassenen Stein- oder Betonscheibe abgestützt. Die Strebe muss in halber Pfahlhöhe angesetzt werden. Zwischen den Endpfählen stehen nun im Abstand von 4–5 m die Mittelpfähle bis zu 60 cm tief im Boden. Sie nehmen an Haltevorrichtungen die für die Erziehungsart erforderlichen Drähte auf.

Hausrebe mit waagerechtem und senkrechtem Kordon nach dem Schnitt.

Die Stützdrähte anbringen

Der unterste Draht befindet sich in Stammhöhe, an ihm werden die Fruchtruten und/oder der Kordonarm befestigt. Nach oben folgt bei der Halbbogenerziehung im Abstand von 20–40 cm ein so genannter Überbiegdraht, über den die Fruchtrute gelegt und nach unten gezogen wird. Darüber werden bis zur Pfahlhöhe in regelmäßigem Abstand von 20–30 cm bei frei stehenden Rebreihen paarweise, bei Wandspalieren einzeln Heft- oder Rankendrähte verlegt, in die die grünen Triebe aufgenommen werden können. Bei Flachbogen oder Kordonerziehung entfällt der Überbiegdraht. Bei Spalieren an Mauern kann man auf die Pfähle verzichten, wenn die Auflagevorrichtungen für die Drähte in die Wand eingelassen werden. Sie müssen einen Abstand zur Wand von mindestens 20 cm gewähren und für Jahre stabil befestigt sein.

Erziehungsformen für größere Flächen

Reberziehungsarten zur Bekleidung von ganzen Hauswänden, hohen Mauern, Laubengängen und Dachlauben sind im Grunde nur Erweiterungen der bisher beschriebenen Formen in Verbindung mit einem entsprechend aufgebauten Stockgerüst. So kann man an einer Wand jeweils im Abstand von 60–80 cm zwei, maximal drei Kordonarme übereinander anlegen. Entsprechend muss dann die Unterstützung angebracht werden.
Ein Beispiel für dieses Verfahren liefert der Thomery-Kordon. Diese Methode bietet auch den großen Vorteil, mehrere Sorten unterschiedlicher Reifezeit neben- und übereinander anzubauen.

Erziehung als senkrechter Kordon

Ein senkrechter Kordon wird für schmale Wandflächen, z. B. zwischen Fenstern, vorgesehen. Er kann von einem Rebstock ein- oder zweiarmig aufgebaut werden. Für den einarmigen Kordon wird eine gut entwickelte Fruchtrute mit etwa 10 Augen vom Stämmchen aus senkrecht in die Höhe geführt. Jedes

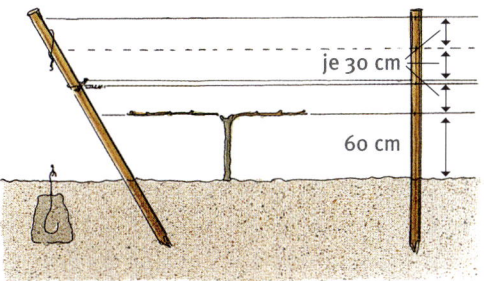

Spalierdrahtrahmen für eine frei stehende Rebreihe in Flachbogenerziehung oder als waagerechter Kordon.

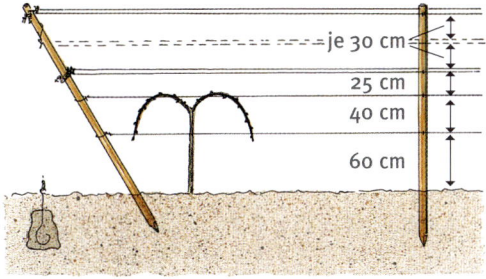

Spalierdrahtrahmen für eine frei stehenden Rebreihe in Halbbogenerziehung.

zweite Auge wird geblendet. An dem senkrechten Kordon entwickeln sich nun etwa fünf Triebe, die im Folgejahr, mit Ausnahme jenes Triebes an der Spitze, auf Zapfenlänge eingekürzt werden. Der Spitzentrieb dient zur Fortsetzung des Kordons nach oben.

Mein Rat

In wuchsschwachen Böden pflanzt man die Reben enger und verwendet für jede Etage einen eigenen Rebstock.

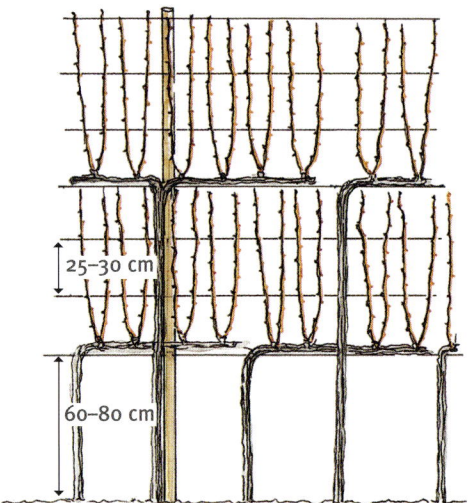

So erfolgen Kordonerziehung und Zapfenschnitt in zwei Etagen an einer Spalierwand.

Für den Aufbau eines zweiarmigen senkrechten Kordens werden zwei Ruten an der Spitze eines Stammes entgegengesetzt flach auf einen Unterstützungsdraht gelegt und in einem Abstand von ca. 1,20 m ihre Enden nach oben gebogen. Von hier aus folgt im Jahr danach der weitere Aufbau der Kordonarme, wie bereits beschrieben.

Als sogenannte Vertikoerziehung konnte sich der senkrechte Kordon in Deutschland zum Keltertraubenanbau nicht durchsetzen. Am senkrechten Kordon können nur Zapfen angeschnitten werden. Die Unterstützungsvorrichtung für den senkrechten Kordon folgt der Erziehungsart, die Drähte zur Aufnahme der grünen Triebe werden vertikal im Abstand von 20–30 cm an der Wand angeordnet. Freistehende Reben in dieser Erziehungsform benötigen zu ihrer Unterstützung lediglich einen starken Pfahl.

Weinreben an Lauben und Pergolen

Lauben und Pergolen müssen mindestens zwei Meter hoch angelegt werden. Der Stammaufbau erfolgt in Etappen, indem im zweiten Jahr vom einjährigen Stämmchen eine Rute mit 10 bis 12 Augen angeschnitten und senkrecht nach oben geführt wird. Nach dem Austrieb werden nur die beiden obersten Triebe belassen und aufrecht stehend angebunden. Einer von ihnen dient im nächsten Jahr wieder als Stammverlängerung, der darunter stehende wird als Zapfen angeschnitten. Wiederum bleiben an der Verlängerung nur die obersten Triebe stehen.

Bei normaler Entwicklung kann man nun im vierten Jahr in etwa 2 m Höhe mit dem Aufbau waagerechter Kordons beginnen. Es bleibt im Weiteren dem Geschick des Gärtners überlassen, die Rebe nach und nach so zu formieren, dass die Fläche der Laube oder Pergola gleichmäßig ausgefüllt wird.

Die Konstruktion der Unterstützungsvorrichtung lehnt sich im Prinzip an die Spalierwand an, allerdings muss sie zweidimensional ge-

Hier dient eine Pergola als Überdachung für einen Hof.

Ausgefallen, aber machbar: Eine ganze Einfahrt im kühlen Schatten üppig wachsender Reben.

staltet werden. Dazu bedarf es entsprechend stabiler Stützen und Verbindungen miteinander. Deswegen sollte für den Aufbau ein Fachmann, Zimmermann (Holz) oder Schlosser (Metall), herangezogen werden.

Eine Weinrebe auf Balkon und Terrasse

Mit Reben auf dem Balkon müssen auch Traubenliebhaber ohne eigenen Garten nicht auf den Genuss selbst erzeugter Trauben verzichten. So können Reben in Gefäßen aus Ton, Holz oder Keramik mit Abmessungen von 40–50 cm im Durchmesser und 50 cm in der Höhe herangezogen werden. Auf dem Boden des Behältnisses wird eine Drainageschicht mit Kies oder Blähton zur Verhinderung von Staunässe eingerichtet.

Mein Rat

Beim Aufbau waagerechter Kordonarme ist darauf zu achten, dass nur die der Erde zugewandten Augen geblendet werden.

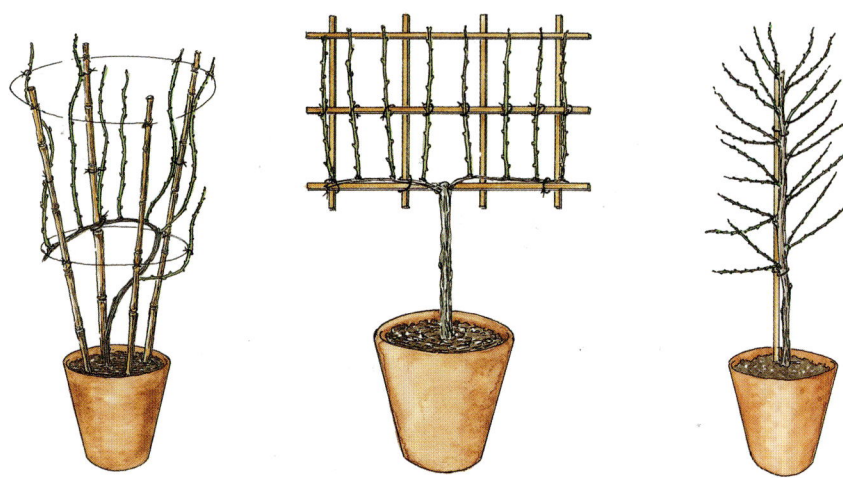

Mögliche Erziehungsformen bei Weinreben im Kübel: links als Rundspalier, in der Mitte mit Rankgitter an der Wand, rechts als senkrechter Kordon (jeweils vor dem Schnitt).

Selbst auf Terrasse oder Balkon muss man auf Tafeltrauben nicht verzichten.

Die Rebe wird in gute Gartenerde oder ein Gemisch von Erde und gut gereiftem Kompost gepflanzt, in die Bodenoberfläche werden zur Nährstoffversorgung wenige Gramm eines organisch-mineralischen Düngers eingearbeitet.

Die **Möglichkeiten der Formierung** sind zwangsläufig begrenzt. Man kann die Rebe vor ein an der Wand angebrachtes kleines Spalier stellen, daran kurze Fruchtruten befestigen und die grünen Triebe hochziehen. Bei frei stehenden Gefäßen ist an einem Pfahl ein allenfalls zwei Meter hoher senkrechter Kordon möglich.

Eine weitere Variante ist es, das Altholz zu einer Art Spindel zu formieren und daran Strecker oder Zapfen anzuschneiden. Schließlich kann man um eine bogenförmige Fruchtrute ein entsprechend hohes kreisförmiges Rankgitter anbringen und darin die grünen Trieben hochwachsen lassen.

Biologie und Entwicklung der Rebe

Die jährlichen Pflegemaßnahmen umfassen:
- Rebschnitt,
- Formierung des Fruchtholzes,
- Laubarbeiten,
- Düngung und Bodenpflege.

Sie verfolgen alle das Ziel, Form und Wuchskraft der Rebe zu erhalten sowie Wachstum und Ertrag zu steuern. Dabei erleichtern Kenntnisse über den Bau und das Leben des Rebstockes die Pflegearbeiten. Nachfolgend daher das Wichtigste in Kürze.

Biologie der Rebe

Unterirdisch entziehen sich **Wurzelstange** und **Wurzelsystem** der direkten Einfluss-

In der Rebknospe (Auge) ist der Trieb mit den seitlichen Frucht- und Blattanlagen schon vorgebildet.

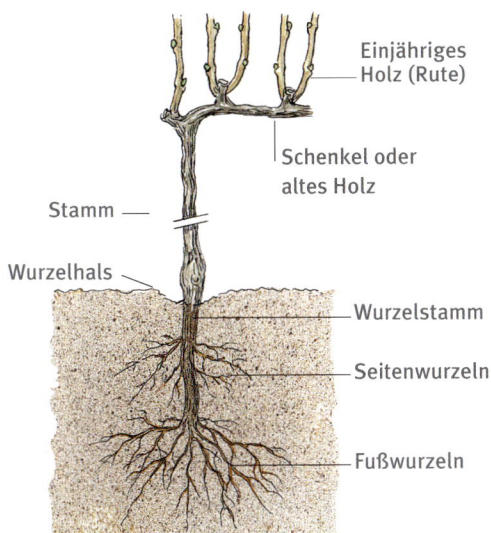

Aufbau eines Rebstockes.

nahme. Sie verankern die Rebe im Boden, sorgen für Wasser- und Nährstoffaufnahme und speichern Reservestoffe. Oberirdisch entwickeln sich auf dem alten Holz einjährige verholzte Triebe oder Ruten, die dem weiteren Stockaufbau und der Erzeugung von Trauben dienen. Gut ausgereifte Ruten zeigen ein Holz : Mark-Verhältnis von 2:1.

Triebe, die sich auf den Ruten des Vorjahres entwickelt haben, sind die beim Rebschnitt bevorzugten **Fruchtruten**; ihre Knospen sind in der Regel fruchtbarer als jene an »wilden« Trieben, die unmittelbar aus dem alten Holz

So bunt werden die Blätter blauer Rebsorten im Herbst.

Ein Rebtrieb mit dem noch aufrechten Blütenstand (Geschein).

Blattformen verschiedener Rebsorten im Vergleich.

Biologie und Entwicklung der Rebe 69

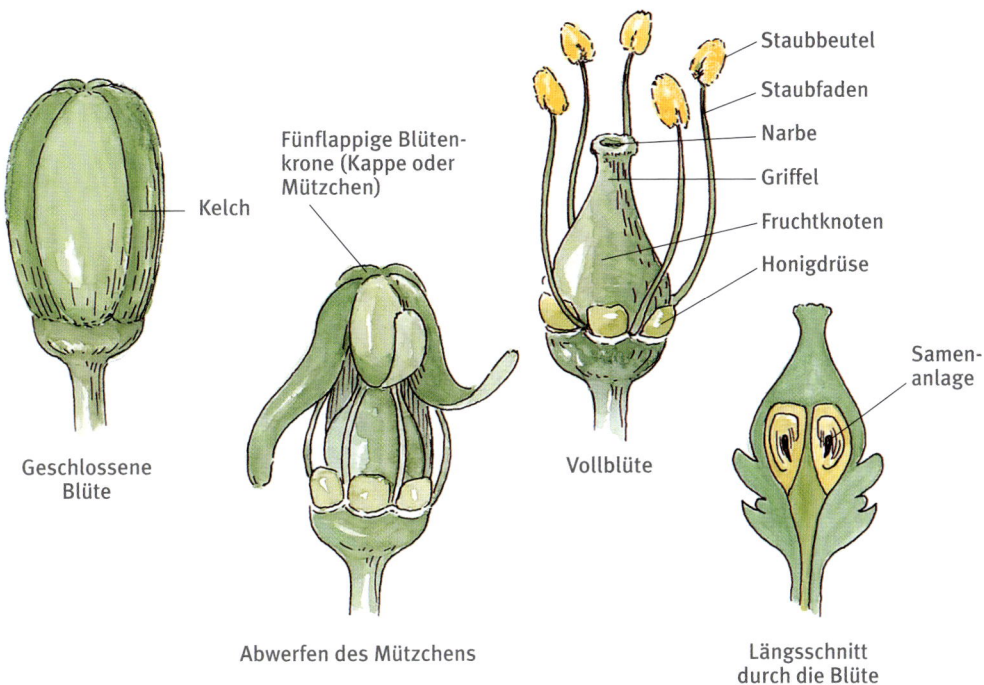

Aufbau der Rebenblüte.

gewachsen sind. Sie werden allenfalls zur Regulierung der Stockform herangezogen.
In den von ledrigen Knospenschuppen umhüllten **Knospen** oder **Augen** befindet sich in einem wolligen Gewebe die Sprossanlage. In einem Längsschnitt durch die Knospe erkennt man die Anlage für den Haupttrieb mit Fruchtständen und entsprechend für die Nebentriebe.
Der aus der Knospe austreibende Spross oder Trieb trägt Blätter, Blütenstände (Gescheine) und Ranken in einer bestimmten Anordnung. Meist nach dem 3. Blatt der Basis wechseln sich bei allen europäischen Rebsorten jeweils zwei Blätter mit und eines ohne Geschein oder Ranke ab.

Am grünen Trieb können sich im Laufe des Sommers aus den Blattachseln Triebe zweiter Ordnung, so genannte **Geiztriebe**, entwickeln, wobei die Intensität sortenabhängig ist. Der Bereich Blatt, Auge in der Blattachsel und Ranke oder Geschein entspricht einem Knoten (Nodium), zwischen zwei Nodien erstreckt sich das Internodium.
Die **Blätter** sind wichtige Ernährungsorgane für die Rebe, denn über die Assimilation von Kohlendioxid aus der Luft, und Wasser aus dem Boden bilden sie mit Hilfe der Sonnenenergie organische Substanzen. Der Blattstiel bringt die Blattspreite immer in die günstigste Stelle zum Licht. Form und Färbung der Blätter helfen bei der Unterscheidung von Rebsorten.

Nach der Blüte verspricht der junge Fruchtansatz reiche Ernte.

Reife, schön beduftete Traube – hier von 'Dornfelder'.

Partielle oder allgemeine Verfärbungen der Blätter im Sommer deuten auf Krankheiten, Schädlinge oder Ernährungsstörungen hin (siehe dazu Seite 81).
Gelb- oder **Rotverfärbungen** im Herbst kündigen dagegen den Wachstumsabschluss an.
Blütenstände werden bis zum Ablauf der Blüte als »**Gescheine**« bezeichnet. An einem Sommertrieb können bis zu vier Gescheine gezählt werden. Gut entwickelte Gescheine tragen bis zu 250 winzige Einzelblüten. Sie sind bei der traubentragenden Art *Vitis vinifera* zwittrig, d. h. sie können sich selbst befruchten. Um ihren Fruchtknoten mit Griffel und Narbe reihen sich fünf Staubfäden mit Staubbeuteln und die fünflappige Blütenkrone.

Nach der Befruchtung werden die Gescheine über verschiedene phänologische Entwicklungsstadien zu **Trauben;** botanisch korrekt sind es jedoch Rispen, denn die Beeren sitzen nicht direkt auf der Fruchtachse, sondern an deren Verzweigungen. Sie enthalten 1–3 Kerne und sind je nach Sorte und Reifegrad farblich verschieden. Im Reifezustand überziehen sie sich mit einer feinen weißlichen oder bläulichen **Wachsschicht**, dem »**Duft**« (man spricht von bedufteten Trauben).
Die **Ranken** sind Kletter- oder Halteorgane und botanisch gleichen Ursprungs wie die Gescheine; deshalb findet man häufig Übergangsstadien zwischen beiden – teils Trauben, teils Ranke.

Die Rebenentwicklung über das Jahr

Der zeitliche Ablauf von Wachstum und Entwicklung der Reben wird in der Phänologie erfasst. Die **phänologischen Daten** (bildlich von Eichhorn und Lorenz dargestellt, siehe Grafik unten) und nicht der Kalender entscheiden über den Zeitpunkt der erforderlichen Kulturmaßnahmen. Wesentliche Entwicklungsphasen sind der Austrieb, der Verlauf des Triebwachstums, Blüte, Befruchtung und Reife der Trauben.

Erstes Anzeichen für das Ende der Winterruhe ist das »**Bluten**« **der Reben,** wenn an den Schnittstellen am einjährigen Holz Safttropfen austreten. Der Austrieb wird Mitte bis Ende April eingeleitet, wenn die mittlere Tagestemperatur auf 10 °C ansteigt und eine bestimmte Temperatursumme erreicht wurde. Beim Triebwachstum folgt die Rebe noch dem Wachstumsmuster der Wildformen, die in den Wäldern immer bestrebt sein mussten, zum Sonnenlicht hin zu wachsen. Bei ausreichender Licht- und Wasserversorgung entwickeln sich die Reben bei 25–30 °C am besten.

Die Blütenstände werden schon bald nach dem Austrieb sichtbar. Bis zur Blüte dauert es dann 6–8 Wochen, wozu wiederum eine bestimmte Temperatursumme aufgelaufen sein muss. Je früher die Reben blühen, desto länger haben die Beeren Zeit zur Reife.

Die zeitlichen Entwicklungstadien der Rebe. An ihnen orientieren sich die jeweiligen Pflege- und Behandlungsmaßnahmen.

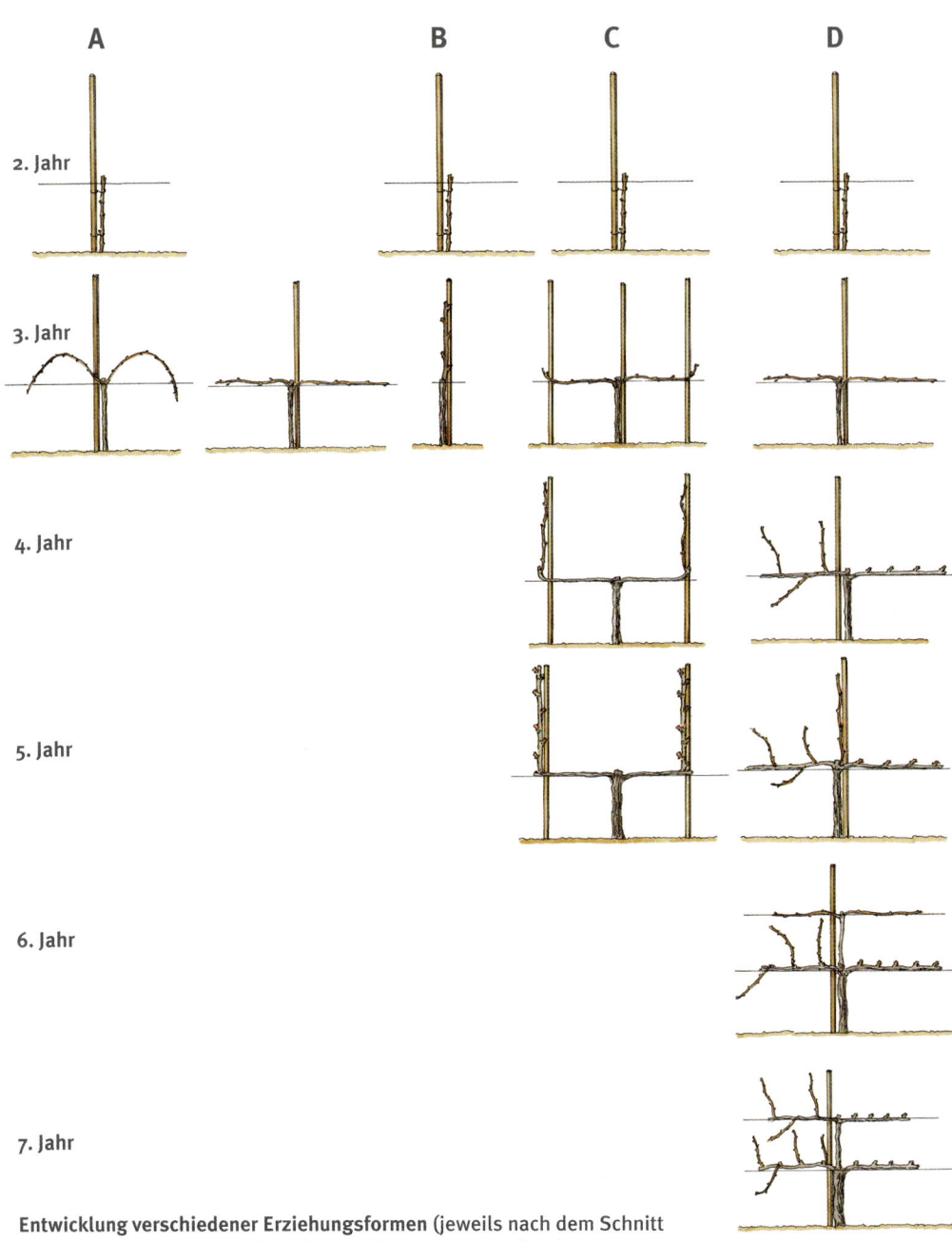

Entwicklung verschiedener Erziehungsformen (jeweils nach dem Schnitt im 2., 3. usw. Jahr): A zu Halb- oder Flachbogen, B zu senkrechtem Kordon, C zu zweiarmigem senkrechten Kordon, D zu waagerechtem Kordon mit Strecker oder Zapfen auf einer oder zwei Etagen.

Beim Blühvorgang verhält sich die Rebe sehr eigenwillig: die Blütenkrone löst sich nämlich von unten her und hängt vorübergehend wie eine **Kappe** oder ein »**Mützchen**« über der restlichen Blüte (siehe Grafik Seite 69). Zu gleicher Zeit entlassen die Staubbeutel ihre Pollen, so dass nur blüteneigener Staub die Eizelle befruchtet. Zur Blütezeit soll es warm, windstill und etwas luftfeucht sein, dann ist innerhalb von acht Tagen mit einem vielversprechenden Fruchtansatz zu rechnen. Kühles, nasses Wetter verzögert die Blüte und beeinträchtigt die Befruchtung.

Nicht bestäubte Fruchtanlagen werden mehr oder weniger zahlreich abgestoßen und rieseln durch den Fruchtstand nach unten, die Gescheine »**verrieseln**«. Die Neigung zum Verrieseln ist auch sortenbedingt oder wird durch zu starkes Wachstum (zu viel Stickstoff), durch Krankheiten (Virosen) bzw. fehlende Nährstoffe (Bor) gefördert.

In den befruchteten Beeren bilden sich zunächst sehr viel neue Zellen, bis sie etwa auf Schrotkorngröße herangewachsen sind. Danach dehnen sich die Zellen aus, die Beeren werden größer, lagern Fruchtsäuren ein, der ganze Fruchtstand dreht sich nach unten und wird zur »Traube«. Die Reife beginnt, wenn die Beeren »hell«, durchscheinend werden bzw. anfangen, sich zu färben. Jetzt nimmt die Saftmenge rasch zu, Säuren werden abgebaut und Zucker verstärkt eingelagert.

Gesundes Blattwerk, sonnige Spätsommer- und Herbsttage zusammen mit einer guten Wasserversorgung fördern die Reifevorgänge. Der langsamere Reifeverlauf in den nördlichen Anbauzonen wirkt sich günstig auf die Bildung von Frucht- und Aromastoffen aus. Das Wachstum der Triebe wird eingestellt, wenn zum Herbst hin sich die bis dahin leicht gekrümmte Triebspitze streckt.

Blattfall und Holzreife im Oktober/November schließen die Triebentwicklung ab.

Reben schneiden und anbinden

Die Griechen haben den Rebschnitt zu einer hohen Kunst entwickelt, nachdem Pausanias beobachtete, dass ein Rebstock, dem ein Esel einen Teil der Triebe abgefressen hatte, im folgenden Jahr mehr und schönere Früchte trug als jemals zuvor. Von da an sollen die Reben einem jährlichen Schnitt unterzogen worden sein.

Der Rebschnitt

Tatsächlich ist der Rebschnitt die wichtigste jährliche Erziehungsmaßnahme, die nicht nur ein Gleichgewicht zwischen Wachstum, Ertrag und Reife herstellen, sondern auch die einmal festgelegte Erziehungsform erhalten soll. Dazu muss das fruchttragende Holz an der richtigen Stelle auf das zulässige Maß reduziert werden. Der im Weinbau empfohlene Anschnitt von 6–10 Augen je m² Standfläche (je nach Rebsorte und Wuchskraft) kann auch hier als Maßstab gelten.

Die Zahl der Augen wird je nach Erziehungsart auf **Ruten, Strecker** oder **Zapfen** verteilt. Das Fruchtholz muss dabei immer möglichst nahe am alten Holz angeschnitten werden.

Bei der Bogenerziehung im Spalierdrahtrahmen oder einfachen Wandspalier werden pro Stock in Stammnähe eine oder zwei Ruten ausgewählt und darunter durch einen Zapfen ergänzt. Er liefert im nächsten Jahr das »Ersatzholz«, wenn am alten Bogen keine geeignete Rute zu finden ist oder der Stock außer Form zu geraten droht.

Bei waagerechter Kordonerziehung können Ruten, Strecker oder Zapfen angeschnitten werden.

Der Schnitt auf Zapfen ist nur ratsam, wenn die Sorte an den basalen Augen ausreichend fruchtbar ist. Die Zapfen sind stets auf der Oberseite des Kordons anzuschneiden. Immer sollte der Zapfen so nah wie möglich am alten Holz angeschnitten werden. Dadurch beugt man dem Aufbau geweihartiger Gebilde vor, die den Stoffdurchlauf behindern.

Links: Der Anschnitt eines Zapfens mit zwei gut entwickelten Augen im 4. Jahr erfolgt immer auf der Oberseite des Kordonarmes. Beim Schnitt in den Folgejahren werden Zapfen (Mitte) oder Strecker (rechts) immer möglichst nahe am alten Holz geschnitten.

Die Winterruhe geht dem Ende entgegen, die Weinstöcke sind schon geschnitten.

Für Ersatzholz sorgen

Trotzdem werden die Höcker an den Anschnittstellen immer größer, wodurch die Fruchtholzentwicklung allmählich beeinträchtigt wird. Deshalb ist von Zeit zu Zeit mit entsprechendem **Ersatzholz** in der Nähe des Höckers eine neue Anschnittposition zu schaffen, um die alte absetzen zu können. Werden Strecker oder Ruten auf dem Kordon angeschnitten, sind die Fruchtholzabstände anzupassen. Zum Strecker oder zur Rute gesellt sich dann noch ein unterhalb positionierter

> ### Mein Rat
> Beim Abschneiden von mehrjährigem Holz wird ein kleiner Stummel (1 cm) zurückgelassen, da die Rebe Wunden nicht überwallt wie andere Obstarten und daher zurücktrocknet.

Durch Zapfen sorgt man rechtzeitig für Ersatzholz.

Zapfen, mit dem für Ersatzholz gesorgt wird. Bei Bedarf können auch Triebe aus dem alten Holz als Ersatzholzlieferanten dienen.

Mit zunehmendem Alter lässt die Wuchskraft ganzer Kordonarme stark nach, so dass sie mit einem kräftigen Trieb von der Basis her neu aufgebaut werden müssen. Beim Schnitt am senkrechten Kordon stehen die Zapfen im vertikalen Abstand von ca. 20 cm.

Im Hinblick auf das Spitzenwachstum der Rebe kommt es hier in besonderem Maße darauf an, jeweils unterhalb Triebe aus dem alten Holz zu erhalten, um nicht vorzeitig Anschnittstellen aufgeben zu müssen und die Verkahlung zu fördern.

Waagerechter Kordon mit Streckerschnitt bei einer Hausrebe.

Zeitpunkt und Technik

Der beste Zeitpunkt für den Schnitt der Hausreben ist der März, bei günstiger Witterung auch schon früher. Ein sauberer Schnitt erleichtert die sommerlichen Pflegearbeiten. Triebe oder Zapfen werden 1–2 cm über einem Auge glatt oder schräg vom Auge weg angeschnitten. Beim Entfernen von verholzten Geizen oder Ranken sollen keine Stummel zurückbleiben.

Wilde Triebe müssen glatt am mehrjährigen Holz abgeschnitten werden, da an der Basis sonst viele schlafende Knospen austreiben.

Werkzeug

Zum Schneiden verwendet man Scheren mit gut geschärfter Klinge und nicht zu breiten Backen. Zum Entfernen von Holzteilen über 25 mm Durchmesser wird am besten eine Stichsäge eingesetzt.

Biegen und Anbinden

Stämme und Kordonarme müssen in jungem Stadium mit stabilen Bändern an der Unterstützungsvorrichtung befestigt werden. Die Bänder sind jährlich auf ihre Haltbarkeit zu überprüfen; gleichzeitig ist zu verhindern, dass sie ins Holz einwachsen. Die für Obst- und Gartenbau auf dem Markt angebotenen Bänder sind auch für die Rebe verwendbar. Beim Anbinden des Fruchtholzes werden Strecker und Ruten zu mehr oder weniger gekrümmten Bögen formiert, weil sich dann die Triebe entlang des Fruchtholzes gleichmäßi-

ger entwickeln. Zudem wird die Rebe angeregt, unterhalb der Biege- oder Knickstelle, also in erwünschter Nähe des alten Holzes, kräftige Triebe für den nächstjährigen Schnitt auszubilden.
Beim Biegen müssen die relativ spröden Triebe an der Biegestelle mit der Hand etwas abgestützt werden, damit sie nicht brechen. Feuchtes Wetter macht das Holz elastischer und erleichtert den Biegevorgang. Die Bögen sind in der Unterstützung möglichst so anzuordnen, dass sie sich nicht kreuzen oder übereinander liegen.
Zum Befestigen der Ruten haben sich dünne, in Papier eingelegte Drähte oder entsprechende Schnüre bzw. Bänder aus Kunststoff bewährt. Das Biegen und Anbinden soll bis zum Austrieb der Reben abgeschlossen sein.
Der Rebschnitt und das Biegen verlangen Handarbeit und verursachen vor allem im Keltertraubenanbau einen beachtlichen Aufwand an Arbeitszeit und Kosten. Während zum Anschnitt der Reben Sachverstand erforderlich ist, können zum Ausheben des abgeschnittenen Rebholzes aus dem Drahtrahmen, ebenso wie zum Biegen und Anbinden, Hilfskräfte eingesetzt werden. Bemühungen, die Arbeiten zu mechanisieren waren nur in Teilen erfolgreich. Zum Rebschnitt werden pneumatisch gesteuerte Scheren eingesetzt. Sie erleichtern die Arbeit und verbessern die Arbeitsleistung. Der Schnitt mit am Schlepper angebauten Maschinen, die beim Fahren durch die Reihen die verholzten Triebe in einer Höhe abschneiden, verlangt viel Nacharbeit und benachteiligt die Stockform.
Zum Biegen und Anbinden der Reben wurden

An dieser rustikalen Pergola ist der Rutenschnitt (oben) gut erkennbar.

früher vor allem dünne elastische Weidenruten eingesetzt. Heute gibt es einfacher zu handhabende Materialien, die mit Bindegeräten angebracht werden.

Laubarbeiten

Die Sonne bringt es an den Tag: Die Beeren sind »hell« und reif zur Ernte.

Sorgfältiger und sachgerechter Umgang mit den grünen, also belaubten Teilen der Weinreben im Frühjahr und Sommer fördert Wachstum und Assimilation, beugt Krankheiten vor und hilft, das gewählte Erziehungs- bzw. Kultursystem zu erhalten. Diese so genannten Laubarbeiten erfordern verschiedene Maßnahmen.

Zu den Laubarbeiten zählen
- das Ausbrechen (Entfernen junger grüner Triebe),
- das Heften (Einordnen der Triebe in die Unterstützung),
- das Einkürzen und Ausgeizen (Laubschnitt) und eventuell
- das Entlauben (Freistellen der Trauben).

Das Ausbrechen

Das Ausbrechen betrifft vornehmlich die überflüssigen Triebe, die am mehrjährigen Holz aus schlafenden Augen austreiben.
Sie werden als **»Wasserschosse«** bezeichnet, weil sie in der Regel keine Früchte tragen, somit unnötig Wasser- und Nährstoffe verbrauchen und den fruchttragenden Trieben Licht und Luft wegnehmen. Sie sind nur dann willkommen, wenn sie sich zur erforderlichen Verjüngung von Höckern beim Zapfenschnitt oder von Kordonarmen und Schenkeln eignen. Das Ausbrechen beginnt spätestens nach der Spätfrostgefahr, wenn sich die jungen Triebe noch leicht vom Holz lösen lassen.

Mein Rat

Je früher ausgebrochen werden kann, desto übersichtlicher ist noch der Rebstock und desto gezielter und gleichzeitig rascher können entbehrliche Triebe entfernt werden. Damit spart man außerdem auch Wasser und Nährstoffe.

Das Heften

Da nicht alle Triebe von alleine in die Spaliere und Unterstützungsvorrichtungen einwachsen, werden sie beim Heften ordentlich eingesteckt und gelegentlich auch angebunden, damit sie nicht wieder herausrutschen. Damit wird für eine gleichmäßige Triebverteilung gesorgt, das Längenwachstum der Triebe und die Traubenausbildung gefördert.

Das Einkürzen und Ausgeizen

Mit dem **Laubschnitt** (Entspitzen und Gipfeln) werden im Laufe des Sommers zu lang gewordene Triebe eingekürzt. Damit will man verhindern, dass zu viel Wasser und Nährstoffe für das Triebwachstum verbraucht werden. In Spalieren werden die Triebe entspitzt, solange sie noch aufrecht stehen.
Bei Lauben oder Pergolen, wo die Triebe ohnehin herunterhängen, wird Laub geschnitten, wenn durch ein zu dichtes Wachstum der Triebe Belichtung und Belüftung der Trauben beeinträchtigt werden könnten. Bei Trauben tragenden Trieben belässt man mindestens 8–10 Blätter zur ausreichenden Ernährung der Trauben.
Etwas abweichend von dieser Regel verfährt man mit dem Laubschnitt bei Sorten, die zum Verrieseln neigen und im senkrechten Kordon erzogenen Reben. Bei ersteren werden die Triebspitzen bereits vor der Rebblüte weggenommen in der Absicht, den Fruchtansatz zu unterstützen. Beim senkrechten Kordon wird eingekürzt, wenn die Triebe 10–12 Blätter aufweisen, um einen gleichmäßigen Wuchs entlang des Kordons anzustreben.

Mein Rat

Vorsicht beim Entlauben an stark besonnten Südwänden. An den Beeren mit noch unvollkommener Wachsschicht können dann Sonnenbrandschäden auftreten.

Ausgeizen

Beim Ausgeizen werden die aus den Blattachseln wachsenden Neben- oder Geiztriebe entfernt. Geiztriebe können einerseits in nicht tragbarer Weise die Laubwand verdichten, leisten aber auch ihren Beitrag zur Assimilation und damit zur Traubenernährung. Deshalb wird im Bedarfsfalle nur in der Traubenzone entgeizt, wobei man aber zwei Blätter des Geiztriebes stehen lassen sollte. Oberhalb der Traubenzone werden die Geiztriebe allenfalls gegipfelt.

Das Entlauben

Das Entlauben im Spätsommer dient der optimalen Traubenausbildung. Mit Beginn der Traubenreife werden die ohnehin nicht mehr aktiven Blätter in der Traubenzone entfernt. Danach können die Trauben rascher abtrocknen und werden weniger von Fäulnis befallen, Licht und Luft unterstützen Reife und Beerenausbildung.

Die richtige Düngung

Die Rebe entnimmt dem Boden Mineralstoffe für Wachstum und Früchte. Diese werden im natürlichen Kreislauf zwar teilweise durch verrottendes Laub und gehäckseltes Rebholz wieder zurückgeführt, die Vorräte des Bodens an mineralischen Nährstoffen sind aber nicht unerschöpflich.
Deshalb müssen sie regelmäßig ersetzt werden. Die Rebe ist auf die **Hauptnährstoffe** Stickstoff (N), Kalium (K_2O), Phosphat (P_2O_5), Kalzium bzw. Kalk (CaO) und Magnesium (MgO) sowie auf die **Spurenelemente** Bor (B), Eisen (Fe), Zink (Zn), Mangan (Mn), Kupfer (Cu), und Molybdän (Mo) angewiesen.

Die wichtigsten Nährelemente

Stickstoff ist elementarer Bestandteil der Eiweißstoffe und für das Wachstum unentbehrlich. Mangelt es an Stickstoff, wachsen die Reben schwach, die Blätter sind kleiner und hellgrün, die Blattstiele rot.

Bei Kalküberschuss (Chlorose) vergilben zuerst die Blätter an der Triebspitze.

Kalium fördert die Blüte- und Fruchtbildung und erhöht die allgemeine Widerstandsfähigkeit der Pflanze. Kaliummangel zeigt sich an älteren Blättern durch eine violett verfärbte Blattspreite.

Phosphat unterstützt den Blühvorgang und den Fruchtansatz, ferner ist es beteiligt an der Assimilation und dem Eiweißaufbau. Damit werden Holzreife und Frosthärte günstig beeinflusst. Phosphatmangel wird fast nur in sehr sauren Böden festgestellt und ist an punktartigen, zusammenwachsenden Verbräunungen der Blattränder zu erkennen.

> *Mein Rat*
>
> Chlorose bei schweren, verdichteten Böden kann nur über Jahre hinweg durch strukturverbessernde Maßnahmen (Kompostgaben, Anbau tief wurzelnder Gründüngungspflanzen) begegnet werden.

Die richtige Düngung 81

Kaliummangel – typisch: die verfärbten Blätter.

Phosphatmangel – randliche Verbräunungen.

Kalzium (Kalk) festigt die Zellwände und ist in Steuerungsvorgänge des Stoffwechsels eingeschaltet. Kalkmangel (Säureschaden) ruft Verbrennungen oder Verbräunungen der Blattränder (Randnekrosen) hervor. Kalküberschuss kann bei einem pH-Wert im Boden von >7 auftreten.
Zu viel gelöster Kalk im Boden blockiert die Eisenaufnahme durch die Reben, sie erkranken an Gelbsucht oder **Chlorose.** Die Vergilbung beginnt an der Triebspitze, im fortgeschrittenen Stadium sterben Blätter und Triebspitze ab. Chlorotische Reben verrieseln gewöhnlich, Triebe und die wenigen Trauben reifen nur schlecht. Ähnliche Erscheinungen können jedoch auch auf schweren, Nässe stauenden Böden auftreten, wo chemische Prozesse unter Luftabschluss die Verfügbarkeit des Eisens mindern.

Magnesium ist u. a. ein zentraler Baustein des für die Assimilation verantwortlichen Blattgrüns (Chlorophyll). Für Magnesiummangel sind gelbliche (weiße Rebsorten) oder rötliche (rote Rebsorten) Verfärbungen zwischen

Rechts gut, links mangelhaft mit Stickstoff versorgte Rebe, dadurch rote Blattstiele, kleinere und hellere Blätter und Früchte.

Kalkmangel (Säureschaden).

Typisch für Magnesiummangel sind die in die Blattspreiten hinein wachsenden Aufhellungen.

den Blattadern vor allem der unteren Blätter charakteristisch.

Bor wird bei Befruchtungsvorgängen benötigt und erfüllt Aufgaben im Hormonhaushalt der Pflanze. Gelegentlich auftretender Bormangel führt zu Verrieselungen und Blattveränderungen (nach oben gewölbte, abnorme Blattränder).
Die übrigen Spurenelemente übernehmen weitere spezielle Aufgaben und sind im Boden meist ausreichend vorhanden.

Organisch oder mineralisch?

Bei der Zufuhr von mineralischen Nährstoffen ist es für die Pflanze zunächst unerheblich, ob diese als Mineraldünger oder organisch gebunden in organischen Düngern verabreicht werden, denn sie kann die Nährstoffe hauptsächlich nur in elementarer Form und in Wasser gelöst aufnehmen. In mineralischen Düngern allerdings stehen die Nährstoffe rascher zur Verfügung und können gezielter bemessen werden, während sie in organischen Düngern erst von Mikrolebewesen des Bodens freigesetzt (mineralisiert) werden müssen, um verwertbar zu sein. Entscheidend ist die richtige Bemessung der Düngergaben. Genaue Auskunft darüber liefert nur eine **Bodenuntersuchung** in privaten Labors oder landwirtschaftlichen Untersuchungs- und Forschungsanstalten (Adressen mit genauer Anleitung über die Entnahme der Bodenproben siehe Seite 122).
Vor allem bei Neuanpflanzungen und bei regelmäßig auftretenden Mangelerscheinungen sollte man sich dieser Fachstellen bedienen. Die Untersuchung ist dann alle 4–7 Jahre zu wiederholen. Für die Untersuchung benötigt man aus Oberboden (0–30 cm) und Unter-

> ### Mein Rat
>
> Vor einer Neuanpflanzung oder bei ernährungsbedingten Wachstumsstörungen ist eine Bodenuntersuchung bei entsprechenden Stellen unbedingt anzuraten.

boden (30–60 cm Tiefe) jeweils 250 bis 300 g steinfreien Boden. Bei größeren Flächen müssen Mischproben aus mehreren Einstichen (2–3/100 m²) hergestellt werden. Der pflanzenverfügbare Stickstoff in Form von Nitrat kann mit den **Schnelltestverfahren** Merckoquant oder Reflectoquant annähernd selbst ermittelt werden (N_{min}-Untersuchung). Man benötigt dazu entweder eine Bodenlösung oder den Presssaft von Blattstielen zur Zeit der Rebblüte. Zeigt der Test im Boden über 60 kg Nitrat oder im Presssaft über 100–200 mg NO_3/l an, ist keine Stickstoffdüngung notwendig.

Da Nitrat-Stickstoff im Boden leicht ausgewaschen wird und das Grundwasser belasten kann, sollte auf den Test nicht verzichtet werden. Weiter im Handel erhältliche Verfahren für die Durchführung sonstiger Untersuchungen, z. B. zur Bestimmung der Hauptnährstoffe, Phosphat, Kali und Kalk, liefern nur grobe Anhaltspunkte über die Verhältnisse im Boden.

Durch eine Bodenuntersuchung lässt sich der vorhandene Nährstoffgehalt genau bestimmen.

Reinnährstoffgaben für normal versorgte Böden

Nährstoff	Nährstoffmenge (kg/100 m²)	
Stickstoff	0,4–0,6 kg	
Phosphat	0,2–0,3 kg	
Kalium	leichte Böden	0,4–0,6 kg
	mittlere Böden	0,6–0,7 kg
	schwere Böden	0,6–0,8 kg
Magnesium	0,2–0,3 kg	
Kalzium (Kalk)	je nach Bodenreaktion 3–5 kg	
Bor	0,001–0,002 kg	

Anzustrebende Nährstoffgehalte in Böden für Weinreben

Inhaltsstoffe	Boden	Anzustrebende Werte
Bodenreaktion	leicht mittelschwer schwer	pH 6,0–6,5 pH 6,5–7,0 pH 6,8–7,2
Phosphat	alle Böden	12–20 mg P_2O_5 /100 g Boden
Kalium	leicht mittelschwer schwer	10–20 mg/100 g Boden 15–25 mg/100 g Boden 20–30 mg/100 g Boden
Magnesium	alle Böden	10–15 mg/100 g Boden
Bor	alle Böden	0,7–0,9 mg/100 g Boden
Humus (organische Substanz)	leicht mittelschwer schwer	1,5–2,0 % organische Substanz 1,8–2,4 % organische Substanz 2,0–2,9 % organische Substanz

Die Düngung in der Praxis

Stickstoff wird ab April mit einem ammoniakhaltigen Dünger ausgebracht. Eine Nachdüngung mit Kalksalpeter nach der Blüte ist nur bei schwachem Wuchs und hohem Fruchtansatz anzuraten. Alle weiteren Dünger können im Spätherbst bis zum zeitigen Frühjahr verabreicht werden.

Zur **Kalidüngung** verwendet man einen 40%igen Kalidünger mit 5 % Magnesium oder Kalimagnesia grob mit 30 % Kalium und 10 % Magnesium, womit gleichzeitig ausreichend Magnesium gedüngt wird.

Geeignete **Phosphatdünger** sind Novaphos, Hyperphos, Superphosphat oder Thomasphosphat. Bei der Bemessung der Düngermenge sind jeweils die unterschiedlichen Nährstoffgehalte zu berücksichtigen.

Zur **Kalkdüngung** wird in leichten Böden kohlensaurer Kalk und in schweren Böden Branntkalk gegeben. Kalk kann für drei Jahre auf Vorrat ausgeteilt werden.

Zur **Magnesiumdüngung** wird Kieserit eingesetzt, wenn mit Kali oder Kalk nicht gleichzeitig genügend Magnesium ausgebracht wurde.

Bor wird am einfachsten in Kombination mit einem Phosphat- (Borsuperphosphat) oder Stickstoffdünger (Borammonsulfatsalpeter) gedüngt.

Da **Mehrnährstoffdünger** (z. B. Nitrophoska) die Arbeit der Düngung vereinfachen, werden sie häufig den Einzeldüngern vorgezogen. Ihr Nährstoffverhältnis stimmt jedoch nicht immer mit den Bedürfnissen der Rebe überein; deshalb sollen sie nur im Wechsel oder ergänzt durch Einzeldünger eingesetzt werden. Alle auf offenem Boden ausgebrachten Düngemittel müssen flach eingearbeitet werden.

Eine **organische Düngung** soll in erster Linie fördernd auf die Bodenstruktur wirken, das Bodenleben verbessern oder nützliche Bodenorganismen ernähren. Die in organischen Düngern enthaltenen Nährstoffe sind der mineralischen Düngergabe anzurechnen, sie tragen nach ihrer Freisetzung ebenfalls zur Ernährung der Pflanze bei. Da für die ablaufenden Prozesse Wärme, Feuchtigkeit und Sauerstoff notwendig sind, wird die Mineralisierung von den Witterungsvorgängen abhängig und eine gezielte Nährstoffgabe ist fast unmöglich.

Die Mengenbemessung erfolgt nach dem Gehalt an Stickstoff. Zur Bodenverbesserung offener Böden mit einem durchschnittlichen Humusgehalt (2–3 %) wird im Turnus von drei Jahren ca. 1 dt. organische Trockenmasse/100 m² benötigt. Dies entspricht etwa 2 m³ Kompost oder 6–8 dt. gut verrotteten Stallmistes.

Bei einer nach dem Stickstoffgehalt bemessenen organisch-mineralischen Düngergabe reicht die gleichzeitig verabreichte Menge an organischer Substanz nicht aus, den Humusbedarf des Bodens zu decken.

Organische Dünger werden in der Regel im Winter oder zeitigen Frühjahr ausgebracht und nach Möglichkeit leicht in den Boden eingearbeitet.

Eine ausgewogene Ernährung der Reben sichert die reiche Ernte gut ausgebildeter, schmackhafter Früchte.

Auch der Boden braucht Pflege

Die Reben wachsen am besten in einem lockeren, gut durchlüfteten, humus- und nährstoffreichen Boden. Neben der organischen Düngung versucht die Bodenpflege, diesen Zustand herbeizuführen oder zu erhalten. Sie erübrigt sich, wenn der Standraum der Reben mit Stein- oder Betonplatten, Pflaster- oder Rasensteinen abgedeckt ist. Sofern hier Wasser und Luft durch Fugen und Ritzen eindringen können, bleibt die Bodenstruktur ungestört und auf der Suche nach Nährstoffen und Wasser wird der Boden weiträumig durchwurzelt. Pflegemaßnahmen sind dagegen unter Rebreihen, Spalieren, Laubengängen und Pergolen unbedingt notwendig. In den ersten beiden Standjahren wird der Boden mit Hacke, Spaten oder Fräse offen gehalten und von Zeit zu Zeit gelockert. Im Herbst werden

Empfehlenswerte Gras-Klee-Mischungen zur Bodenpflege

		grasbetont (g/100 m²)	kleebetont (g/100 m²)
für leichtere Böden	Bokharaklee		50
	Erdklee	100	
	Hornschotenklee		100
	Horstrotschwingel	100	
	Phacelia		50
	Platthalmrispe	100	50
	Weißklee		100
	Wiesenrispe	200	50
Insgesamt		**500**	**400**
für mittlere bis schwere Böden	Bokharaklee		50
	Deutsches Weidelgras	50	
	Horstrotschwingel	100	
	Phacelia		50
	Rotklee		50
	Weißklee		150
	Wiesenrispe	250	100
Insgesamt		**400**	**400**

Die Begrünung im Weinberg verbessert nachhaltig die Bodenstruktur.

Stroh als Mulch schützt den Boden und liefert Humus.

die Jungreben bis über die Veredlungsstelle angehäufelt und im März wieder abgeräumt. Ab dem dritten Standjahr empfiehlt sich, bei ausreichenden Niederschlägen (jährlich 700 mm) eine **Begrünung** mit natürlich aufkommenden **Wildgräsern** und **-kräutern** oder gezielt durch Ansaat von **Gras-Klee-Mischungen**. Der Aufwuchs muss regelmäßig kurz gehalten werden. Die Aussaat einer temperären Begrünung (Gründüngung) im Spätsommer nützt die Winterfeuchtigkeit und liefert reichlich organische Masse. In Trockengebieten erhält eine Bodenbedeckung mit Laub, Mähgut, Baumrinde, Stroh u. ä. die Bodenfeuchtigkeit und macht eine Bodenbearbeitung überflüssig. Bedeckter Boden nimmt zudem mehr Niederschläge auf und schützt das Bodenleben.

Auf einen Blick

- Nach der Pflanzung muss man sich für eine Erziehungsart entscheiden und diese durch entsprechenden Schnitt auch beibehalten.
- Gute Pflege setzt eine stabile Unterstützungsvorrichtung voraus.
- Mit dem Rebschnitt werden Stockform und Ertrag bestimmt.
- Durch Laubarbeiten wird den Trieben und Trauben stets genügend Luft verschafft.
- Die regelmäßige und den Verhältnissen angepasste Zufuhr der wichtigsten Nährelemente sichert Ertrag und Lebenskraft der Weinrebe.

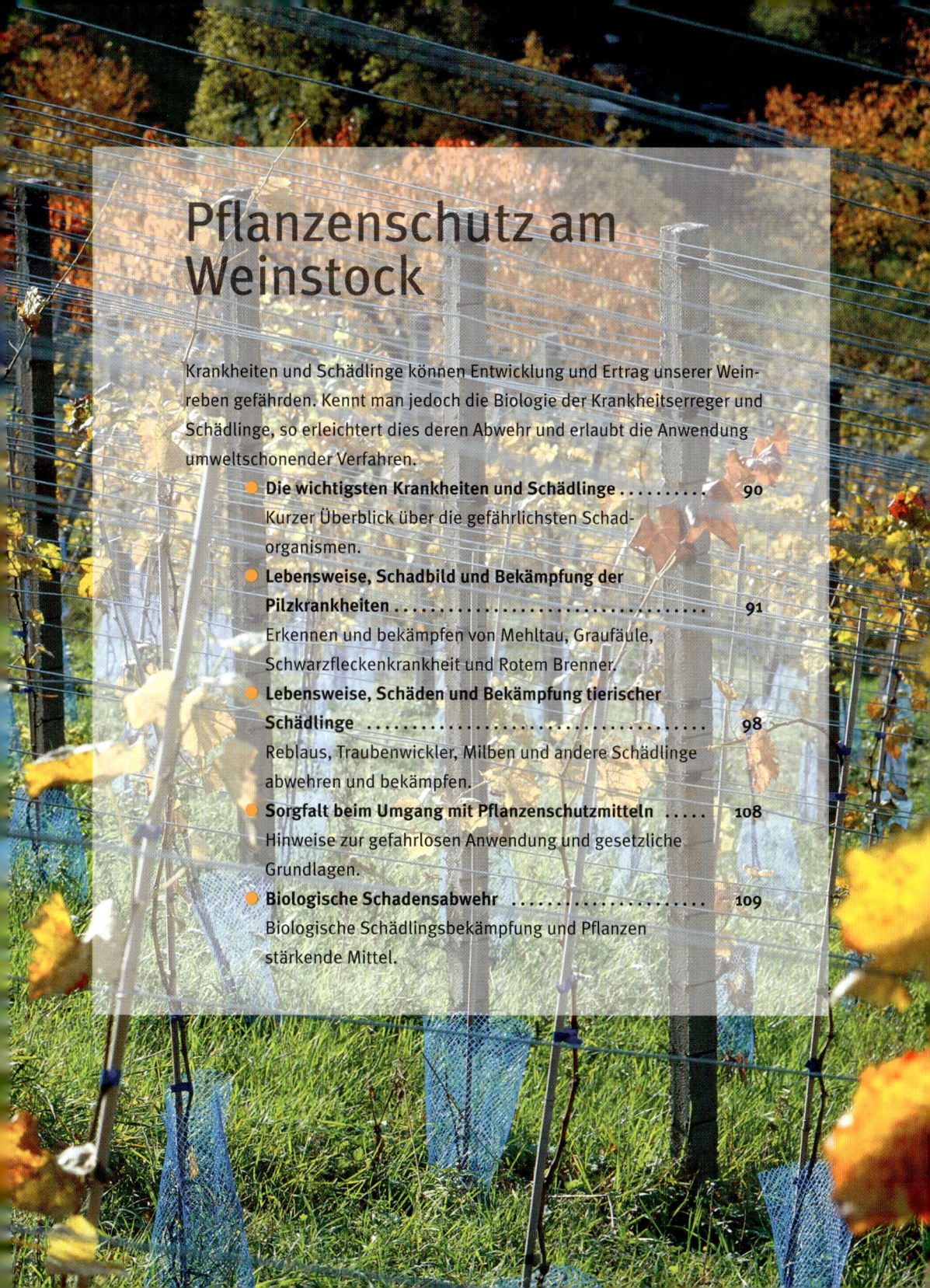

Pflanzenschutz am Weinstock

Krankheiten und Schädlinge können Entwicklung und Ertrag unserer Weinreben gefährden. Kennt man jedoch die Biologie der Krankheitserreger und Schädlinge, so erleichtert dies deren Abwehr und erlaubt die Anwendung umweltschonender Verfahren.

- **Die wichtigsten Krankheiten und Schädlinge** 90
  Kurzer Überblick über die gefährlichsten Schadorganismen.
- **Lebensweise, Schadbild und Bekämpfung der Pilzkrankheiten** 91
  Erkennen und bekämpfen von Mehltau, Graufäule, Schwarzfleckenkrankheit und Rotem Brenner.
- **Lebensweise, Schäden und Bekämpfung tierischer Schädlinge** 98
  Reblaus, Traubenwickler, Milben und andere Schädlinge abwehren und bekämpfen.
- **Sorgfalt beim Umgang mit Pflanzenschutzmitteln** 108
  Hinweise zur gefahrlosen Anwendung und gesetzliche Grundlagen.
- **Biologische Schadensabwehr** 109
  Biologische Schädlingsbekämpfung und Pflanzen stärkende Mittel.

Die wichtigsten Krankheiten und Schädlinge

Auch beim Anbau resistenter Sorten ist ein Mindestmaß an Pflanzenschutz, selbst mit chemischen Präparaten, oft nicht zu vermeiden. Der Befallsdruck außerhalb der Weinbaugebiete ist zwar geringer, sobald sich aber Krankheiten oder Schädlinge einmal eingenistet haben, sind Behandlungsmaßnahmen nicht zu umgehen.

Je besser man dann Auftreten und Lebensweise der Parasiten kennt, desto sicherer können gezielte Bekämpfungsschritte eingeleitet werden.

Die gefährlichsten **Pilzkrankheiten** für europäische Reben sind der Echte *(Oidium)* und der Falsche Mehltau *(Peronospora)*. Beide kannte man, ebenso wie die Reblaus, bis Mitte des 19. Jahrhunderts im europäischen Weinbau nicht. Sie waren eine frühe Folge der beginnenden Globalisierung, der verbesserten Verkehrsverbindungen und des dadurch forcierten Warenaustausches zwischen Ländern und Erdteilen. Zuerst kam der Echte Mehltau (um 1850) und vermutlich im Bemühen, jeweils resistente Reben einzuführen, wurde zuerst die Reblaus und dann der Falsche Mehltau eingeschleppt. Gegen diese Krankheiten haben die europäischen Reben keine Widerstandskräfte entwickeln können. Daneben verursacht der Allerweltspilz Botrytis, verantwortlich für die Traubenfäule, immer wieder Ärger. Schwarzfleckenkrankheit und Roter Brenner sind dagegen für Hausreben von untergeordneter Bedeutung. Auch die vermutlich infolge des Klimawandels zu uns gewanderten Krankheiten, wie Eutypa und Schwarzholzkrankheit sollten für Hausreben keine große Gefahr bedeuten.

Der wichtigste **tierische Schädling** neben der Reblaus ist der Traubenwickler mit seinen Gescheine und Beeren fressenden Räupchen. Dazu können Milben, Zikaden, Rhombenspanner, Springwurm, Rebstichler, Dickmaulrüssler, Schild- und Schmierläuse auftreten.

Weinanbaugebiete sind idyllisch, aber auch attraktiv für **Schaderreger** aller Art.

Lebensweise, Schadbild und Bekämpfung der Pilzkrankheiten

Witterungsverhältnisse und Standort bestimmen im Wesentlichen Auftreten und Entwicklung der Pilzkrankheiten.

Echter Mehltau

Der Echte Mehltau *(Oidium tuckeri)* ist vermutlich der häufigste und verbreitetste Schadpilz an Hausreben, denn an Hausmauern und in Gärten findet er meist günstige

Starker Befall mit Echtem Mehltau *(Oidium)* an jungen Trauben.

Echter Mehltau zeigt sich durch grauweißen Belag an den Triebspitzen.

Entwicklungsbedingungen. Der Pilz überwintert am Holz und in den Rebknospen, Sporen sorgen für seine Verbreitung und für Infektionen an grünen Rebteilen. Warme Tage, kühle Nächte und hohe Luftfeuchtigkeit fördern seine Entwicklung.

Der Echte Mehltau tritt vom Austrieb bis in die Spätsommer- und Herbstmonate auf. Nur bereits mit einer Wachsschicht versehene Beeren sind vor einer Infektion geschützt. Die grünen Rebteile werden mit einem Pilzgeflecht überzogen, das Saugfortsätze ins Innere der Pflanze schickt. Auf Blättern, Trieben, Gescheinen oder Trauben bildet sich ein mehlig aussehender, muffig riechender Belag. Befallene Beeren platzen auf und zeigen die grünen Traubenkerne (Samenbruch). Auf verholzten Trieben weisen mosaikartige, violettgefärbte Flecken auf einen Befall im vergangenen Sommer hin.

Oidium zerstört die Außenhaut, das Innere wächst weiter und die unreifen Beeren platzen auf.

Der Falsche Mehltau *(Peronospora)* überzieht die Gescheine mit seinem Pilzgeflecht.

Die **Bekämpfung** des Pilzes muss in der Regel vorbeugend erfolgen. In erster Linie werden Schwefelpräparate (Netzschwefel) eingesetzt, bei starkem Befall im Vorjahr bereits ab dem Vier-Blatt-Stadium (40–60 g Netzschwefel in 10 l Wasser). Bei späteren Spritzungen im Abstand von 10–14 Tagen ist die Mittelmenge auf 20 g zu reduzieren. Nicht auf Schwefel basierende Behandlungsmittel wirken bei kühler Witterung etwas besser und sind für heranwachsende Trauben schonender.

Mit dem **Anbau widerstandsfähiger Sorten** kann die Bekämpfung ganz gespart oder auf maximal 1–2 Behandlungen reduziert werden.

Falscher Mehltau

Der Falsche Mehltau *(Peronospora* bzw. *Plasmopora viticola)* überwintert im alten Laub. Im Frühjahr brauchen die Sporen zur Entwicklung und Verbreitung tropfbar flüssiges Wasser (kurzzeitig etwa 10 mm Regen) und mittlere Tagestemperaturen ab 8 °C. Innerhalb eines Tages treibt die überwinternde Form aus und entlässt so genannte Zoosporen, die durch Regen und Wind auf die Blätter gelangen, in deren Spaltöffnungen eindringen und sich im Blattgewebe ausbreiten. Zur Erstinfektion reicht die Fünfmarkstückgröße eines Blattes aus.

An den Befallsstellen entstehen zunächst durchscheinende gelbliche Flecken (**Ölflecken**), auf denen sich auf der Blattunterseite bald ein Pilzrasen mit vielen Sommersporen entwickelt. Diese können bei zusagenden Bedingungen immer wieder neue Infektionen an allen grünen Teilen der Rebe verursachen. Während im Frühjahr von der Ansteckung bis zum Sichtbarwerden der Krankheit (Inkubationszeit) 10–12 Tage vergehen, verkürzt sich diese Zeit im Sommer auf 6–8 Tage. Die Befallsstellen werden allmählich braun und trocknen ein, wurde das ganze Blatt betroffen, fällt es ab (**Blattfallkrankheit**). Erkrankte Gescheine fallen ebenfalls ab, Beeren verfärben sich blaugrau und schrumpfen ein, bis sie wie kleine Lederbeutel aussehen – deshalb auch »**Lederbeeren**«.

Heranwachsende Beeren trocknen bei Befall mit Falschem Mehltau ein und ergeben die »Lederbeeren«.

Die Pilzrasen des Falschen Mehltaus entstehen auf den Blattunterseiten.

Die **Bekämpfung** des Falschen Mehltaus kann auf Grund seiner Lebensweise im Innern der Pflanze nur vorbeugend erfolgen. Zugleich muss alles getan werden (Erziehung, Laubarbeit), damit das Laub rasch abtrocknen kann. Eine erfolgreiche Behandlung setzt voraus, dass alle grünen Rebteile mit einem Spritzbelag versehen sind, bevor die Sommersporen ausschwärmen. So muss bei anhaltender Infektionsgefahr von Ende Mai bis zur beginnenden Traubenreife im Abstand von 8–12 Tagen gespritzt werden, um den Bestand zu sichern. Längere Trockenperioden erlauben größere Spritzabstände.

Zur Behandlung steht eine Reihe von Präparaten zur Verfügung. Sofern sie eine systemische Wirkung aufweisen, gestatten sie etwas längere Spritzabstände. Aus ökologischer Sicht werden Kupferoxichloride mit 15–18 % Kupfer empfohlen. Bei **resistenten Sorten** wiederum kann mit geringen Ausnahmen auf eine Behandlung verzichtet werden.

Graufäule (Beerenfäule)

Der Schwächeparasit *Botrytis cinerea* ruft die Graufäule hervor. Er befällt die Pflanze über Wunden oder schwaches Gewebe und kann bei optimalen Bedingungen auch auf gesundes Gewebe übergreifen. Der Pilz überwintert im alten Laub oder am Rebholz. Seine Sporen keimen schon bei relativ niedrigen Temperaturen. Besonders wohl fühlt er sich ab 18–20° und feuchter Atmosphäre. Dann bildet er ein kräftiges Geflecht aus, auf dem die mausgrauen Vermehrungsorgane sitzen.

Unter günstigen Bedingungen kann er im Frühjahr auch junge Triebe und Gescheine befallen. Infektionen an Trauben und Beeren gehen von abgestorbenen Blütenresten oder Fraßschäden des Sauerwurms aus (siehe Seite 101). Schäden entstehen auch an kompakten Trauben, wenn die Beeren sich quetschen. Bei Erkrankungen des Stielgerüstes

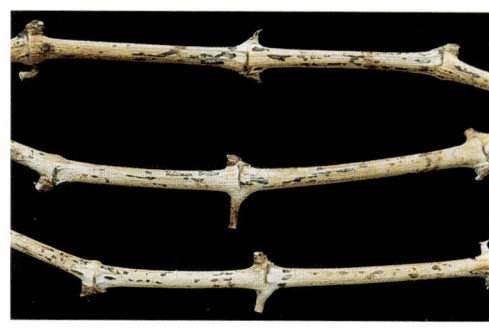

Vom Grauschimmel *(Botrytis)* befallenes Rebholz.

»Sauerfäule« nennt man den Befall unreifer Trauben durch den Grauschimmel *(Botrytis)*.

Die physiologisch bedingte »Stiellähme« verhindert eine weitere Traubenreife.

»Stielfäule« – wenn der Grauschimmel das Stielgerüst der Trauben befällt.

(Stielfäule) verderben ganze Traubenteile oder Trauben und fallen ab. Bei starkem Befall dringt der Pilz auch in die Winterknospen und zerstört die Sprossanlagen.

Zur **Bekämpfung** der Graufäule ist vorbeugend stets auf gute Belüftung und Belichtung von Laub und Trauben zu achten. Zudem darf das Wachstum über die Stickstoffdüngung nicht zu stark angeregt werden. Direkt lässt sich *Botrytis*-Befall durch Einsatz synthetischer *Peronospora*-Mittel eindämmen. Durchgreifender wirken aber Botrytizide, die vor allem unmittelbar nach der Blüte, kurz vor dem Schließen der Trauben und vor Reifebeginn vorbeugend eingesetzt werden sollen (siehe Seite 96).

Schwarzfleckenkrankheit

Die Schwarzfleckenkrankheit *(Phomopsis viticola)* wurde in Deutschland erst in den sechziger Jahren festgestellt. Befallene Reben zeigen an der Basis einjähriger Triebe langgezogene, braune, nierenförmige Flecken, die in

Rebtrieb mit typischen Symptomen der Schwarzfleckenkrankheit.

der Mitte aufreißen und deren Ränder etwas wulstartig aufgeworfen sind.

Auch die unteren Blätter, Blatt- und Traubenstiele können befallen sein, wobei auf den Blattspreiten ovale bis eckig begrenzte, oberflächlich bis durchgehend schwarz verfärbte Nekrosen zu sehen sind. Sie werden von einem hellen Hof umgeben, zuweilen kommt es zu Rissen und Löchern. Im Spätjahr und Winter färbt sich das einjährige Holz an den unteren Triebteilen bis in seine ganzen Länge weißgrau und ist mit kleinen schwarzen Pusteln besetzt. Vom Pilz befallene Knospen treiben nicht mehr aus. Außerdem kann er den ganzen Holzkörper zerstören, wodurch ganze Schenkel absterben.

Zugelassene und genehmigte Mittel zur Bekämpfung von Pilzkrankheiten an Tafeltrauben

Krankheit	Mittel	Menge für 10 l Wasser A	Menge für 10 l Wasser B	Max. Anwendungen	Wartezeit in Tagen	Abstand zu Gewässern	Empfohlen im umweltschonden Anbau	Zugelassen in Haus- und Kleingärten
Schwarzflecken-Krankheit und Roter Brenner	Compo Pilzfrei Polyram WG[2)]	20 g	–	2	56	20 m		X
	Dithane NeoTec[2)]	20 g	–	4	56	20 m		X
	Gemüsepilzfrei Polyram WG[2)]	20 g	–	2	56	20 m		X
	Flint[1)]	1,5 g	–	3	35	10 m		
	Mancofor DG[2)]	20 g	–	4	56	10 m		
	Pilzfrei Dithane[2)]	20 g	–	2	56	30 m		X
	Penncozep 75 G[2)]	20 g	–	4	56			
	Tridex DG[2)]	20 g	–	4	F	20 m		
Falscher Mehltau	Quadris[1)]	20 g	20 g	3	35	10 m		
	Collis[1)]	4 g	4 g	3	28	10 m		
	Cuprozin flüssig[1)]	10 g	10 g	2	35	15 m	10	
	Electis[2)]	18 g	36 g	4	56	20 m		
	Equation[1)]	4 g	4 g	3	28	20 m	4	
	Forum (G)[1)]	12 ml	12 ml	6	35	5 m		
	Kupfer Pilzfrei[2)]	100 g	100 g	10	35	5 m		
	Mildicut[2)]	25 g	25 g	8	21	10 m		
	Verita[1)]	20 g	25 g	3	35	15 m		
	Compo Pilzfrei Polyram WG[2)]	20 g	20 g	8	28	10 m		X
	Cueva[2)]	120 ml	120 ml	10	35	10 m		X
	Cueva Wein-Pilzfrei[2)]	120 ml	120 ml	10	35	10 m		X
	Cueva Pilzfrei[2)]	120 ml	120 ml	10	35	10 m		X
	Kupfer Pilzfrei[2)]	120 ml	120 ml	10	35	10 m		X
	Dithane NeoTec[2)]	20 g	20 g	6	56	20 m		X
	Gemüse Pilzfrei[2)]	20 g	20 g	6	56	30 m		X
	Mancofor DG[2)]	20 g	20 g	6	56	15 m		X
	Pilzfrei Dithane[2)]	20 g	20 g	6	56	30 m		X
	Polyram WG[2)]	20 g	20 g	6	56	30 m		X
Echter Mehltau	Discus[1)]	1,5 g	1,5 g	3	35	5 m	2	
	Flint[1)]	1,5 g	1,5 g	3	35	10 m		
	Fortress 250[1)]	2 ml	2 ml	7	21	20 m		
	Microthiol[2)]	60 g	20 g	8	28	10 m		
	Netzschwefel Stulln[2)]	60 g	20 g	8	56	5 m		
	Stroby[1)]	1,5 g	1,5 g	3	35	5 m	2	
	Talendo[1)]	2,5 ml	2,5 ml	4	28	10 m		
	Talius[1)]	2,5 ml	2,5 ml	4	28	10 m		
	Topas[1)]	1,5 ml	1,5 ml	6	35	20 m	3	
	Vento Power[1)]	10 ml	10 ml	4	28	10 m		
	Vivando[1)]	2 ml	2 ml	3	28	10 m		
	Asulfa Jet[2)]	60 g	20 g	8	28	5 m		X
	BayerGarten Rosen-Pilzschutz M[1)]	40 ml	40 ml	4	28	10 m		X
	BayerGarten Universal-Pilzschutz M[1)]	40 ml	40 ml	4	28	20 m		X
	Compo Mehltaufrei Kumulus WG[2)]	20 g	20 g	8	28	10 m		X
	Klick&GO Pilzfrei Saprol[1)]	40 ml	40 ml	4	28			X

Krankheit	Mittel	Menge für 10 l Wasser A	B	Max. Anwendungen	Wartezeit in Tagen	Abstand zu Gewässern	Empfohlen im umweltschonenden Anbau	Zugelassen in Haus- und Kleingärten
	Kumulus WG[2)]	20 g	20 g	8	28	10 m		X
	Netz Schwefelit[2)]	60 g	20 g	8	28	10 m		X
	Netzschwefel WG[2)]	60 g	30 g	8	28	10 m		X
	Pilzfrei Ectivo[2)]	40 ml	40 ml	4	28	5 m		X
	Sufran Jet[2)]	60 g	20 g	8	28	5 m		X
	Thiovit Jet[2)]	60 g	20 g	8	28	5 m		X
Botrytis	Cantus[1)]	–	15 g	1	28	20 m	1	
	Bayer Garten Obst-Pilzfrei[1)]	–	10 g	2	14	10 m		X
	Erdbeerspritzmittel Botrysan[1)]	–	12 g	2	35	15 m		X
	Monicin Obst Pilz-Frei[1)]	–	10 g	2	14	10 m		X
	Switch[1)]	–	6 g	2	35	15 m		X
	Teldor[1)]	–	10 g	2	14	10 m		X

[1)] = Raubmilben nicht schädigend; [2)] = Raubmilben schwach schädigend;
A = Vorblütenspritzung; B = Nachblütenspritzung

Keine Gewähr für die Richtigkeit und Vollständigkeit der Angaben. In jedem Fall sind die Anwendungsvorschriften genau einzuhalten.

Der Pilz dringt über Wunden in die grünen Rebteile ein, entwickelt sich aber erst mit der Verholzung weiter, indem er nun auch Fruchtkörper bildet. Im Frühjahr bei Temperaturen ab 8 °C und ausreichender Feuchtigkeit reifen die Sporen und werden durch Wassertropfen, Wind, Insekten und Milben weiterverbreitet.
Bekämpfung: Stark befallene Reben müssen bereits beim Austrieb mit *Peronospora*-Mitteln behandelt werden. Während des Sommers wirkt die Bekämpfung des Falschen Mehltaus gleichzeitig gegen die Schwarzfleckenkrankheit.

Roter Brenner

Der Rote Brenner *(Pseudopezicula tracheiphila)* war im deutschen Weinbau vermutlich schon immer vorhanden. Sein Auftreten ist örtlich begrenzt, und er bevorzugt steinige, trockene und humusarme Böden. Auf den Blättern von Weißweinsorten entstehen bräunliche, bei Rotweinsorten tiefrote Segmente, die von einem gelben Saum umgeben und von Blattadern begrenzt werden. Die befallenen Blattteile sterben ab. Starker Befall führt zu Blattverlusten, in der Folge zu Verrieselungen und geringeren Gescheinsanlagen in den sich bildenden Winterknospen. Der Pilz überwintert im befallenen Reblaub auf dem Boden. Im Frühjahr werden aus platzenden Fruchtkörpern Sporen ausgeschleudert, die die Blätter infizieren.
Bekämpfung: Sie muss vorbeugend erfolgen, denn bei Erscheinen des Schadbildes ist der Pilz nicht mehr fassbar. Der erste Spritztermin liegt in der Regel nach Entfalten des 3. Blattes. Nach Bedarf muss die Spritzung beim 5. oder 6. Blatt wiederholt werden.

Lebensweise, Schäden und Bekämpfung tierischer Schädlinge

Die Reben können von einigen Schädlingen befallen werden, die meist auf diese Pflanzenart spezialisiert sind.

Reblaus

Die Reblaus hat einen unterirdischen und einen oberirdischen Kreislauf, jedoch nur die unterirdische Form kann europäische Rebsorten schädigen. Die an der Wurzel lebende, etwa 1,5 mm große Laus legt unbegattet bis zu 800 Eier ab und vermehrt sich im Laufe eines Jahres mit 4–5 Generationen. Die Läuse stechen die Wurzeln an und ernähren sich vom Zellsaft.

Der unzähligen Stichstellen können sich die Wurzeln europäischer Reben nicht erwehren. Sie reagieren mit Schwellungen und Wucherungen, die in Fäulnis übergehen, so dass die Rebstöcke nach kurzer Zeit absterben. Amerikanische Rebensorten dagegen können die Stichstellen der Läuse mit einer Korkschicht abschließen. Durch die Herstellung von Pfropfreben (siehe Seite 50) kann man nun »mit der Laus leben«. Diesem Verfahren kommt außerdem entgegen, dass die Laus an europäischen Rebsorten ihren oberirdischen Zyklus nicht vollziehen kann.

Reblausbefall zeigt sich durch Schwellungen (Nodositäten) an jungen Rebwurzeln.

Heu- und Sauerwurm – Befall durch Traubenwickler

Heuwürmer sind die erste und **Sauerwürmer** die zweite Generation der Kleinschmetterlinge **Einbindiger** und **Bekreuzter Traubenwickler**. Sie heißen Heuwürmer, weil sie zur Heuzeit auftreten, und Sauerwürmer, weil sie die noch sauren Traubenbeeren befallen. Die Räupchen des Einbindigen Wicklers sind hell rotbraun mit braunschwarzem, glänzendem Kopf- und Nackenschild. Jene des Bekreuzten

Lebensweise, Schäden und Bekämpfung tierischer Schädlinge 99

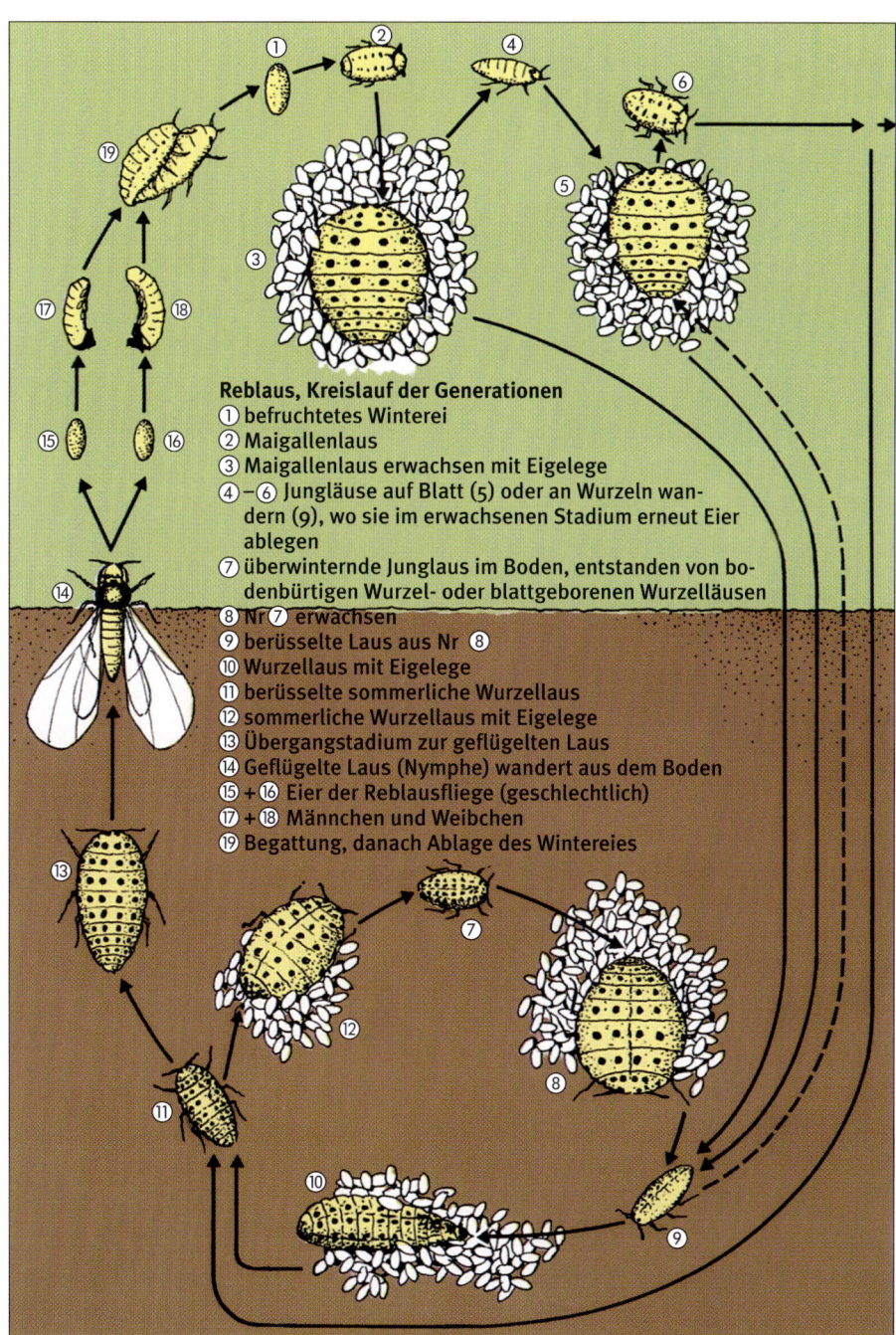

Reblaus, Kreislauf der Generationen
① befruchtetes Winterei
② Maigallenlaus
③ Maigallenlaus erwachsen mit Eigelege
④–⑥ Jungläuse auf Blatt (5) oder an Wurzeln wandern (9), wo sie im erwachsenen Stadium erneut Eier ablegen
⑦ überwinternde Junglaus im Boden, entstanden von bodenbürtigen Wurzel- oder blattgeborenen Wurzelläusen
⑧ Nr ⑦ erwachsen
⑨ berüsselte Laus aus Nr ⑧
⑩ Wurzellaus mit Eigelege
⑪ berüsselte sommerliche Wurzellaus
⑫ sommerliche Wurzellaus mit Eigelege
⑬ Übergangsstadium zur geflügelten Laus
⑭ Geflügelte Laus (Nymphe) wandert aus dem Boden
⑮ + ⑯ Eier der Reblausfliege (geschlechtlich)
⑰ + ⑱ Männchen und Weibchen
⑲ Begattung, danach Ablage des Wintereies

Ober- und unterirdischer Entwicklungskreislauf der Reblaus.

Motte des Bekreuzten Traubenwicklers.

Motte des Einbindigen Traubenwicklers.

In diesen Blattgallen vollzieht sich die oberirdische Entwicklung der Reblaus.

Wicklers sind grünlichgrau gefärbt, ihr Kopf- und Nackenschild ist honiggelb.
Die Schädlinge überwintern als Puppe, aus der früher oder später, je nach Wärme, im Mai die Schmetterlinge oder »Motten« schlüpfen. Sie fliegen meist abends bei warmem Wetter und begattete Weibchen legen 70–90 linsenförmige, durchsichtige, etwas opalisierende knapp ein Millimeter große Eier an Gescheine oder Trauben ab. Nach 6–12 Tagen schlüpfen die Räupchen. Ihr Reifungsfraß dauert 20–25 Tage, dann verpuppen sie sich.
Aus der Puppe schält sich nach 8–10 Tagen wieder der Schmetterling. Die »Motten« der zweiten Generation fliegen etwas länger und legen ihre Eier einzeln an den Beeren ab. Die nach 5–6 Tagen geschlüpften Sauerwürmer verlassen nach 3–4 Wochen ihre Fraßplätze, verpuppen sich in Rinde oder Ritzen des Rebstockes und überwintern dort.
Heuwürmer fressen Blütenknospen, verkleben und verspinnen Gescheine oder deren Teile und schmälern damit frühzeitig den Er-

trag. Sauerwürmer bohren sich in die noch unreifen Beeren und fressen sie aus. Der Rand um das Fraßloch ist daher meist bläulich verfärbt.

Auf dem beschädigten und abgestorbenen Gewebe siedelt sich der *Botrytis*-Pilz an und es kommt zur sogenannten **Sauerfäule,** die nach und nach auch gesunde Beeren in Mitleidenschaft zieht.

Die **Bekämpfung** der Traubenwickler richtet sich im praktischen Weinbau nach der Zahl der in Lockstofffallen gefangenen Motten. Beim höchsten Fangergebnis ist nach Ablauf der Schlüpfzeit auch mit den meisten Räupchen zu rechnen, woraus sich der Bekämpfungszeitpunkt ergibt. Zur Vermeidung von Schäden durch den Traubenwickler werden häufig **Pheromone** (Sexuallockstoffe) eingesetzt, die männliche Motten daran hindern, die Weibchen zu begatten, folglich kommt es zu keiner Eiablage. Dieses Verfahren ist für den Hausrebenanbau noch nicht umsetzbar. Hier kann man bei wenigen und gut kontrollierbaren Rebstöcken die Räupchen der ersten Generation von Hand ablesen.

Von den zugelassenen Bekämpfungsmitteln sind die Präparate mit *Bacillus thuringiensis,* der die Räupchen parasitiert und abtötet, biologisch wirksam. Die Mittel müssen zu Beginn des Schlüpftermins und eventuell. 8–10 Tage später nochmals ausgebracht werden. Etwas Zucker in der Spritzbrühe fördert Entwicklung und Aktivität des *Bacillus.*

Der »Heuwurm« zerstört die Gescheine.

Früher »Sauerwurm«-Befall, erkennbar an Fraßlöchern und blauer Verfärbung der unreifen Beeren.

Der Sauerwurm hat sein Zerstörungswerk beendet und die Beere von innen zerfressen.

Starker Sauerwurmbefall hinterlässt Totalschaden an den Beeren.

Mit diesen Möglichkeiten der biologischen Bekämpfung kann man weitgehend auf synthetische Präparate mit Fraß-, Kontakt- und Tiefenwirkung verzichten. Andernfalls sind von ihnen stets nützlingsschonende und bienenungefährliche Mittel zu bevorzugen. Alle können in der Regel zusammen mit den Pilzbekämpfungsmitteln ausgebracht werden.

Weitere Schadinsekten

Weitere Schadinsekten, wie **Rhombenspanner, Springwurm, Rebstichler** und **Schildläuse,** sind eher Gelegenheitsschädlinge, die keiner regelmäßigen Bekämpfung bedürfen bzw. auch mit einer konventionellen Heu- und Sauerwurmbekämpfung erfasst werden. An Jungreben können **Dickmaulrüssler** und **Erdraupen** schädigen.

Die **biologische Bekämpfung** der Sauerwürmer wird mit **Schlupfwespen** *(Trichogramma-*Arten) erheblich vereinfacht. Sie legen ihre Eier in das Schädlingsei, in dem sich nun die Larve des Nützlings entwickelt.
Die Schlupfwespen züchtet man auf Eiern der Mehlmotte (Bezugsquellen für die Schlupfwespen siehe Seite 92). Diese werden auf kleine Kartons aufgetragen, die vor Regen geschützt zu Beginn der zweiten Traubenwicklergeneration an den Reben festgemacht werden. Je nach Größe der jeweiligen Hausrebe benötigt man 3–5 *Trichogramma*-Kärtchen, die im Abstand von einem Meter ausgebracht werden.

Milben

Größeren Ärger verursachen evtl. **Spinnmilben,** die neben Obstbäumen und Bohnen auch Reben befallen. Die **Rote Spinne** oder **Obstbaumspinnmilbe** überwintert als Ei vor allem an den Knoten des einjährigen Holzes, die bei starkem Befall rötlich verfärbt sind. Im Frühjahr schlüpfen die gelblich bis rotgefärbten Larven und vermehren sich im Laufe des Sommers mit 4–7 Generationen.
Die **Bohnenspinnmilbe** überwintert als befruchtetes Weibchen an der Rebe oder im Laub und am Unkraut. Ihre gelblich grünen Nachkommen leben zuerst massenweise am

Unkraut, bevor sie im Sommer auf die Rebe überwandern. Beide Milbenarten profitieren von trockenem, warmen Wetter. Sie saugen an den Blättern, verursachen helle Flecke, in denen sich kleine braune Punkte bilden. Junge Blätter bleiben klein und werden missgestaltig, ältere verfärben sich fahlgelb bis bronzefarbig (Rote Spinne) und können nicht mehr assimilieren.

Der Befall durch Bohnenspinnmilben führt zu typischen Zerreißungen in den Blattwinkeln, weil neben geschädigtem Gewebe gesundes noch weiterwächst.

Zur **Bekämpfung** der Spinnmilben kann man auf chemische Mittel verzichten, wenn es gelingt, sich ihrer Feinde, die Raubmilben, dienstbar zu machen. Dies setzt aber voraus, dass bei allen sonstigen Behandlungen nur nützlingsschonende Wirkstoffe verwendet werden. Sobald aber der Befall 10 Milben pro Blatt übersteigt, ist es ratsam, spezielle Milbenmittel (Akarizide) einzusetzen. Hier sind Präparate auszuwählen, die nur die Eier der Schädlinge abtöten, die Nützlinge aber, z. B.

Rote Spinne – links gesunde, rechts befallene Rebtriebe. Blätter und Triebe bleiben deutlich kleiner, die Blattspreiten sind stark deformiert.

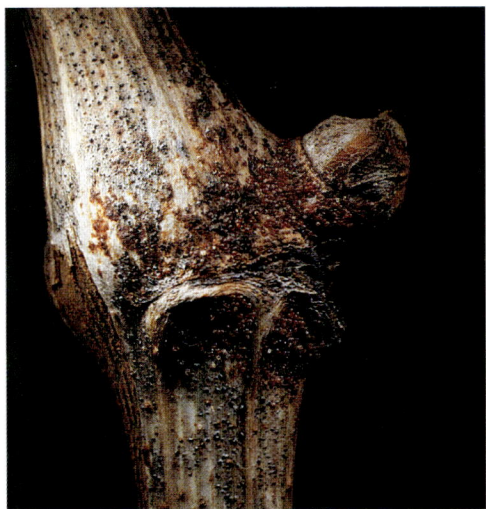

Auch mit bloßem Auge sichtbar: die an den Rebknospen abgelegten Eier der Roten Spinne.

Ältere Blätter verfärben sich bronzefarben nach starkem Befall mit Roter Spinne.

Schäden durch die Bohnenspinnmilbe: Triebe kümmern, Blätter zerreißen.

Kümmerwuchs bei jungen Trieben durch Befall mit Kräuselmilbe.

Die Pocken der Blattgallmilbe finden sich auf der Blattoberseite.

Marienkäferlarven und räuberische Blattwanzen, ungeschoren lassen (siehe Tabelle auf der gegenüberliegenden Seite).

Die 0,15 mm große, elfenbeinweiße **Kräuselmilbe** überwintert als erwachsenes Tier und fällt gleich im Frühjahr über den noch jungen Austrieb her. Die Blättchen wölben sich löffelartig nach oben und bei durchscheinendem Licht sieht man helle Stichstellen, in denen Blattadern sternförmig zusammenlaufen. Die Triebe bleiben kurzgliedrig und gestaucht, bilden bald Nebentriebe aus, und der Rebstock nimmt ein buschiges Aussehen an. Gescheine entwickeln sich nur unvollkommen.

Da die Milben nur die Triebspitzen schädigen, verstärkt sich bei verzögertem Wachstum (kühles Wetter) der Schaden, dagegen wach-

Zugelassene Mittel zur Bekämpfung tierischer Schädlinge

Schädlinge	Mittel	Menge für 10 l Wasser A	Menge für 10 l Wasser B	Max. Anwendungen	Wartezeit in Tagen	Abstand zu Gewässern	Empfohlen im umweltschonenden gewerblichen Anbau	Zugelassen in Haus- und Kleingärten
Traubenwickler (Heu- u. Sauerwurm)	Mimic (G)[2]	0,5 g	0,5 g	2	28	20 m		
	RAK 1 + 2 (G)[2]	500 Ampullen/ha		1	F	–	X	
	Runner[1]	4 ml	4 ml	3	14	30 m		X
	XenTari[1]	10 g	10 g	6	F	5 m		X
	RAK 1 Neu Einbindiger Traubenwickler[1]	500 Ampullen/ha		1	F	–	X	X
	SpinTor[1]	2 ml	2 ml	4	14	15 m		
	Bayer Garten Raupenfrei[1]	4 ml	4 ml	3	14	–		X
Spinnmilben	Apollo[1]	3 g	3 g	1	35	30 m		
	Envidor[2]	–	5 g	1	14	5 m		
	MASAI[2]	2,5 g	2,5 g	2	21	5 m		
	Ordoval[2]	4 g	–	1	F	–		
Spinnmilben (Wintereier)	Austriebs-Spritzmittel Weißöl[1]	80 ml	–	1	F	–		X
	Austriebs-Spritzmittel Eftol-Öl[2]	80 ml	–	1	F	–		X
	Bayer Garten Austriebsspritzmittel[1]	80 ml	–	1	F	–		X
	Celaflor Austriebsspritzmittel[1]	80 ml	–	1	F	–		X
	Celaflor Schädlingsfrei[1]	80 ml	–	1	F	–		X
	COMPO Austriebsspritzmittel[2]	80 ml	–	1	F	–		X
	Kiron[1]	15 ml	15 ml	2	35	5 m		X
	Micula[2]	80 ml	–	1	F	–		X
	Para Sommer[1]	40 ml	–	1	F	–		X
	Para Sommer S[1]	80 ml	–	1	F	–		X
	Promanal Neu Austriebsspritzmittel[2]	80 ml	–	1	F	–		X
	Promanal Neu[2]	80 ml	–	1	F	–		X
	Schädlingsfrei Naturen[2]	80 ml	–	1	F	–		X
Blattgallmilbe und Kräuselmilbe	Celaflor Austriebsspritzmittel[1]	80 ml	–	1	F	–		X
	Celaflor Schädlingsfrei[1]	80 ml	–	1	F	–		X
	MICULA[1]	80 ml	–	1	F	–		X
	Schädlingsfrei Naturen[1]	80 ml	–	1	F	–		X
Springwurm	Mimic[1]	0,5 g	–	2	28	20 m		
	SpinTor[1]	1,0 ml	–	1	14	15 m		
Rhombenspanner	Mimic[1]	0,5 g	–	1	28	15 m		
	SpinTor[1]	1,0 ml	–	1	14	15 m		

[1] = Raubmilben nicht schädigend; [2] = Raubmilben schwach schädigend;
F = anwendungsbedingt keine Wartezeit.
A = Vorblütenspritzung; B = Nachblütenspritzung

Keine Gewähr für die Richtigkeit und Vollständigkeit der Angaben. In jedem Falle sind die Anwendungsvorschriften der Herstellers genau einzuhalten!

Florfliegen-Larven sind bewährte Schädlingsvertilger.

Raubmilben helfen bei der Spinnmilbenbekämpfung.

Wespenfraß schädigt direkt und ermöglicht nachfolgenden Pilzbefall.

sen die Triebe bei wuchsfreudigen Bedingungen den Milben »aus den Zähnen«.
Die **Blattgall-** oder **Pockenmilbe** lebt auf der Unterseite der Blätter und verursacht durch ihre Saugtätigkeit vor allem auf der Oberseite junger Basisblätter pockenartige Gebilde, die unterseits stark verfilzt sind. Starker Befall führt zu Wuchsstörungen.
Zur **Bekämpfung** der Kräuselmilbe muss bei starkem Vorjahresbefall bereits vor dem Austrieb eine 1 %ige Netzschwefellösung ausgebracht werden. Unmittelbar nach dem Austrieb sind Mineralöle (0,5 %ig), im Vier- bis Fünfblattstadium organische Phosphorverbindungen Erfolg versprechend. Letztere helfen auch gegen die Blattpockenmilbe.

Wespen und Vögel

Wespen und Vögel machen schließlich noch im Reifestadium der Trauben dem Hausrebenanbauer den Ertrag streitig. Wespen können

Von Amseln oder Staren angepickte Beeren fangen an zu faulen.

Ein dichtes Netz schützt die Trauben vor Wespen- und Vogelfraß.

mit ihren Fresswerkzeugen reife Beeren anbeißen und sich am Saft gütlich tun. An den angefressenen Beeren erscheinen dann auch Bienen und Fliegen, Pilze und Bakterien setzen das Zerstörungswerk fort und ziehen gesunde Beeren mit hinein.

Die **Abwehr der Wespen** ist schwierig. Mit Ködern muss man bereits im Frühjahr die überwinternde Königin fangen, um den Aufbau eines Volkes zu verhindern, denn im Herbst werden Lockflüssigkeiten aus Wein, Bier oder Essig mit Zuckerzusatz oft zu Lasten der frischen Früchte verschmäht.

Einen einigermaßen sicheren Schutz bieten dichte Netze, mit denen die Reben eingehüllt werden. Große und wertvolle Trauben schützt man einzeln mit Gazebeuteln.

Bei den Vögeln sind es **Amseln** und **Stare**, die besonders lästig werden. Amseln fliegen meist von unten, Stare von oben in die Rebstöcke ein. Breitfädige und engmaschige Vogelschutznetze müssen deshalb den Rebstock völlig einhüllen, um die Trauben zu sichern.

Einen gewissen Erfolg gegen Stare versprechen noch spiralig angebrachte, Lichteffekte erzeugende Bänder. Dagegen scheiden Schreckschussgeräte in Wohngebieten allein schon wegen der Lärmbelästigung aus.

Vögel werden von Beeren jeglicher Art in den Garten gelockt – auch von Weintrauben.

Sorgfalt beim Umgang mit Pflanzenschutzmitteln

Sorgfalt im Umgang mit Pflanzenschutzmitteln hilft sparen und schont die Umwelt. Auch chemisch hergestellte Behandlungsmittel können heutzutage unbedenklich eingesetzt werden, wenn man die Regeln genauestens beachtet. Sie unterliegen vor ihrer Freigabe äußerst strengen Prüfungen und werden auf ihre Nebenwirkungen untersucht. Schließlich werden für ihre Anwendung große Sicherheitsfaktoren eingebaut.

Das Gesetz zum Schutz der Kulturpflanzen (Pflanzenschutzgesetz) in der Fassung vom 4. Mai 1998 hat für den Haus- und Kleingartenbereich die Auswahl der Pflanzenschutzmittel drastisch eingeschränkt. Nach der neuen Zulassungsverordnung dürfen gegen pilzliche Krankheiten nur noch 4 Wirkstoffe in insgesamt 6 Präparaten und gegen tierische Schädlinge nur noch *Bacillus thuringiensis* in 2 und Mineralöle bzw. Rapsöl in 5 Präparaten (siehe die jeweilige Tabelle Seite 96 bzw. 105) eingesetzt werden. Abhängig von der Zulassung ist auch die Verpackungsgröße.

Die Anwendung der für den professionellen Weinbau zugelassenen Präparate geht auf Gefahr und Risiko des Anwenders und ist außerdem mit einem hohen Bußgeld bewehrt. Auskünfte zur Anwendung von Pflanzenschutzmitteln in Haus- und Kleingärten erteilen auch die jeweils zuständigen Pflanzenschutzämter der einzelnen Städte bzw. Gemeinden.

In jedem Fall sind zur unbedenklichen und gefahrlosen Anwendung folgende Hinweise zu beachten:

- Pflanzenbehandlungsmittel sind sorgfältig aufzubewahren und dem Zugriff von Kindern zu entziehen.
- Bienenungefährliche und nützlingsschonende Wirksubstanzen sind vorzugsweise zu verwenden. Der vorgeschriebene Abstand zu Gewässern ist einzuhalten.
- Beim Bezug der Präparate ist auf das Verfallsdatum zu achten. Nicht mehr verwendbare Mittel müssen als Sondermüll entsorgt werden.
- Die Spritzbrühmenge ist genau zu bemessen, Restmengen sind Sondermüll und entsprechend zu entsorgen.
- Zur vorgeschriebenen Dosierung der Mittel sind Waage und Messbecher unverzichtbar. Überdosierungen sind unwirtschaftlich, geringere Konzentrationen wirken nur unzureichend.

Pflanzliche Stärkungsmittel lassen sich leicht selbst zubereiten.

- Die vorgeschriebenen Wartezeiten zwischen letzter Behandlung und Ernte sind unbedingt einzuhalten. Regen unmittelbar nach der Behandlung macht eine Wiederholung nur dann erforderlich, wenn der Spritzbelag noch nicht angetrocknet war.
- Der Anwender sollte eine Schutzkleidung tragen und jeglichen Kontakt mit Mittel und Lösung vermeiden, deshalb möglichst auch bei Windstille spritzen.
- Während der Behandlungsmaßnahme soll weder geraucht, gegessen noch getrunken werden.
- Reifende oder erntereife Nachbarkulturen müssen vor abdriftender Spritzbrühe geschützt werden (Windrichtung beachten).
- Nach der Behandlung sind sowohl die Geräte als auch alle mit der Spritzbrühe in Kontakt gekommenen Körperteile gründlich zu säubern.

Biologische Schadensabwehr

Die Abwehr von Krankheiten und Schädlingen mit biologischen Verfahren ist in hohem Maße davon abhängig, wie es gelingt, die Rebe über Erziehung, Pflege, Wasser- und Nährstoffversorgung in einen möglichst optimalen Allgemeinzustand zu versetzen. Neben der Wahl des Standorts erleichtert der Anbau resistenter Sorten diese Bemühungen zusätzlich.
Pflanzenpflegemittel sollen diesen Zustand erhalten und fördern. Sie bestehen aus Pflanzenextrakten, die die Pflanze abhärten (z. B. bei Schachtelhalm-Brühe) oder Parasiten abwehren sollen.
In der Praxis des ökologischen Weinbaues werden z. B. Auszüge von Brennnesseln, Rainfarn, Schachtelhalm oder Algenextrakte, Hefen, Gesteinsmehl und Schwefel allein oder in Mischungen eingesetzt.
Bei starkem Infektionsdruck müssen Schwefel- und Kupferpräparate eingesetzt werden. Anderseits wirken sie mittelbar, indem Nützlinge zur Abwehr tierischer Schädlinge gefördert werden.
Amtlich zugelassen für eine direkte Bekämpfung sind Mittel mit *Bacillus thuringiensis*. Im großflächigen Rebanbau bedient man sich weiterhin bestimmter Sexuallockstoffe, um die Ausbreitung von Schädlingen zu verhindern. Näheres siehe Seite 122.

Auf einen Blick

- Pilzkrankheiten müssen rechtzeitig und mit entsprechenden Mitteln bekämpft werden.
- Der Anbau resistenter Sorten verringert den Pilzbefall erheblich.
- Gegen tierische Schädlinge helfen auch Nützlinge.
- Optimale Pflege unterstützt die Wirkung einer biologischen Bekämpfung.

Trauben ernten und verwerten

Die Ernte der reifen Trauben entschädigt uns für die Mühen im Laufe des Jahres. Ob frisch verzehrt oder zu Saft und Wein verarbeitet – die selbst gezogenen Trauben lassen uns die ganze Vielfalt ihrer gesunden Inhaltsstoffe genießen.

- **Wann sind die Trauben reif?** 112
  Der richtige Erntezeitpunkt und die Bestimmung des Zuckergehalts der Trauben.
- **Frische Trauben – ein Genuss** 114
  Tafeltrauben in der Ernährung.
- **Die Verwertung der Trauben** 115
  Traubensaft und Wein aus eigener Herstellung.
- **Gesund mit Trauben und Wein** 120
  Inhaltsstoffe und die wohltuende Wirkung auf den Organismus.

Wann sind die Trauben reif?

Je nach Sorte und Witterungsverlauf vergehen nach der Blüte 60 bis 120 Tage bis die Beeren reif, d. h. bis sie bei weißen Sorten durchscheinend »hell« werden bzw. bei roten sich rot und blau verfärben. Bei geschickter Sortenwahl kann man die Ernte über zwei Monate verteilen. Selbst innerhalb einer Sorte werden nicht alle Trauben am Stock, ja nicht einmal alle Beeren einer Traube zur gleichen Zeit reif, so dass sich die Ernte bis zu zwei Wochen hinziehen kann.

Reifezustand und -entwicklung lassen sich durch Befühlen und Geschmackstests nur sehr ungenau ermitteln; exakter wird es durch physikalische Methoden, mit der Öchslewaage (Senkspindel), erfunden 1836 von Ferdinand Oechsle aus Pforzheim, oder einem Handzucker-Refraktometer.

Vollreife Trauben warten auf die Lese – der Lohn für unsere Arbeit.

Mit einer Öchslewaage bestimmt man das Mostgewicht.

Tafeltrauben müssen sorgfältig geerntet werden, um die Beeren zu schonen.

Öchslewaage und Refraktometer

Zur Öchslewaage benötigt man noch einen Messzylinder, den man mit möglichst klarem Saft füllt, bis die Senkspindel frei schweben, und man an der Skala das Mostgewicht ablesen kann. Im Refraktometer misst man die Lichtbrechung zuckerhaltiger Flüssigkeiten. Je höher der Zuckergehalt, desto stärker die Lichtbrechung, die auf einer Scala als °Oechsle aufgezeigt wird. Mit dem Refraktometer kann man das Mostgewicht einzelner Trauben oder Beeren bestimmen.

Das Mostgewicht ist ein Maß für die Dichte des Mostes und besagt um wie viel Gramm der Most schwerer ist als ein Liter Wasser. Multipliziert man das Mostgewicht mit dem Faktor 2,5 und zieht von dem Ergebnis 25–30 für andere Inhaltsstoffe ab, erhält man den Zuckergehalt des Saftes in g/l.

Mein Rat

Die Trauben schmecken am besten bei Öchslegraden zwischen 75 und 90°, denn hier liegen Zucker und Säure noch in einem harmonischen Verhältnis zueinander vor und das Aroma ist sehr gut ausgeprägt. Darunter sind die Trauben eher zu sauer und darüber einseitig süß.

Frische Trauben – ein Genuss

Bei reichem Ertrag wird es nicht immer gelingen, die Trauben gleich mit dem Reifen auch zu verzehren. Für diesen Fall wird vorgesorgt, indem man gesunde Trauben behutsam schneidet, von etwaigen angefaulten Beerchen samt Stielchen befreit und sie dann einzeln auf Roste oder in Flachsteigen legt oder an Schnüren oder Drähten aufhängt und in luftigen kühlen Räumen aufbewahrt. Kleinere Mengen lassen sich kurze Zeit frisch halten, wenn man den ganzen Trieb mit Trauben abschneidet und in frisches Wasser stellt.
Zur Lagerung im Kühlschrank werden die völlig gesunden Früchte in feuchtes Küchenkrepp gewickelt und in einen luftdurchlässigen Plastikbehälter gelegt. Bis zu höchstens einer Woche kann man hiermit die Trauben frisch halten. Etwa 30 Minuten vor dem Verzehr sollte man die Trauben dem Kühlschrank entnehmen und der Luft aussetzen, damit sich ihr Aroma wieder entwickeln kann.
Vielfältig ist die weitere **Verwendung frischer Trauben**, sei es als Zutat zu Müslis, Fruchtsalaten oder Quarkspeisen, als Kuchenbelag, als pikante Note in Currys und Eintöpfen oder als Beilage zu Käse, Wild, Geflügel und Meeresfrüchten. Zum Frischverzehr werden die Trauben gewaschen.

Frische Trauben sind ein verlockender Genuss – gleich ob direkt, als Beilage oder als Kochzutat.

Die Verwertung der Trauben

Was dem Frischverzehr entgeht, lässt sich zur Herstellung von Saft, Wein, Konfitüre oder Gelee verwenden.

Sowohl bei der Saft- als auch bei der Weinbereitung muss mit größter Sorgfalt gearbeitet werden. Die Trauben werden beim Übergang in die Vollreife geerntet, wenn sich Fruchtzucker und Fruchtsäuren in einem möglichst harmonischen Verhältnis zueinander befinden.

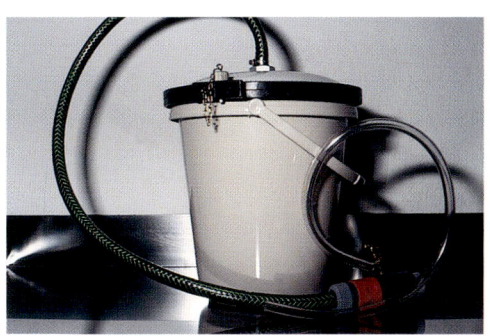

Eine hydraulische Kleinpresse dient zur Verarbeitung kleiner Traubenmengen.

Traubensaft selbst herstellen

Für die Saftgewinnung scheiden faule und angefressene Trauben aus. Gesunde werden zunächst gründlich gewaschen, das Wasser lässt man gut abtropfen. Dann werden sie mit einem Holzstößel oder einer Traubenmühle gequetscht, bevor in einer Presse der Saft von den festen Bestandteilen getrennt wird.

Für kleine Mengen eignen sich **Saftpressen** nach dem Prinzip der Schneckenpresse, für größere Mengen braucht man kleine **Obst-** oder **Weinpressen** (Füllmenge 2–20 kg), die mit mechanischem Druck oder Wasserdruck arbeiten. Aus 10 kg Trauben gewinnt man etwa 6–7 l Saft.

Der ausgepresste Saft muss durch Filterung geklärt werden. Da Pektinstoffe die Klärung erschweren, setzt man dem Saft unmittelbar nach dem Pressen Pektin spaltende Enzyme zu, die bei einer Safttemperatur von 20 °C etwa 6–8 Stunden einwirken müssen. Der ziemlich klare Saft wird anschließend eine halbe Stunde lang bei mindestens 75 °C erhitzt, um ihn haltbar zu machen. Niedrigere Temperaturen töten gefährliche Schimmelpilze und Bakterien nicht ausreichend ab, höhere verursachen einen störenden Kochgeschmack.

Den noch heißen Saft füllt man in Flaschen und verschließt diese mit einem Gummistopfen. Größere Saftmengen lagert man in Korbflaschen ein und füllt daraus nach und nach auf kleinere portionsgerechte Flaschen ab. Nicht pasteurisierte Säfte schmecken zwar wesentlich frischer und fruchtiger, werden aber auch leicht von Schimmelpilzen oder Hefen befallen. Die Kalteinlagerung erfordert deshalb äußerste Sorgfalt. Die Flaschen sollte man daher vor dem Befüllen mit Neomoscan oder 6%iger schwefliger Säure (Flaschen mit destilliertem Wasser nachspülen!) keimfrei machen. Der Saft muss möglichst klar abgefüllt werden und ist zum

Mit einer solchen alten Korbpresse ist die Bereitung von Hauswein möglich.

Moderne hydraulische Pressen verarbeiten 20–90 kg Trauben pro Pressvorgang.

raschen Verzehr bestimmt, er ist bei kühler Lagerung etwa 2–3 Monate haltbar.

Die Weinbereitung zu Hause

Zur Weinbereitung wird der Saft (Most) in saubere, lebensmittelechte Behälter aus Glas oder Kunststoff gefüllt und auf jeweils 10 l Most 1 g Kaliumdisulfit (in etwas warmem Wasser lösen) zugesetzt. Der **Schwefel** schützt den Most bis zur Gärung vor unliebsamen biologischen Veränderungen und zu starkem Lufteinfluss. 10–20 % der Behältergröße sind wegen der Gasentwicklung bei der Gärung als Steigraum freizulassen.
Der Zusatz von 2 g Trockenhefe/10 l sorgt für einen optimalen Gärverlauf. **Weinhefe** ist im Fachhandel erhältlich. Sie wird in einem Viertel Liter Traubensaft bei 30–40 °C angesetzt, bleibt so eine Viertel Stunde lang stehen und wird dann unter Umrühren dem Most beigegeben.
Zwischen Schwefelung und Hefezusatz sollen ca. 12 Stunden liegen. Das Gärgebinde wird in einen Raum bei 15–20 °C untergebracht und mit einem Gäraufsatz aus Kunststoff oder Glas verschlossen.

Anreicherung mit Zucker

Zur Gewinnung eines gehaltvollen Weines sind mindestens 80°, besser 90° Öchsle erforderlich (siehe Seite 84). Bei geringeren Werten reichert man mit Zucker an. Damit 10 l Most um 10° Öchsle angereichert wird, benötigt man etwa 240 g Zucker. Diesen löst man entweder in dem Most gut auf und gibt ihn der Gesamtmenge vor oder im Verlauf der Gärung zu.

Bei Auflösung des Zuckers in bis zu 2 l Wasser kann man gleichzeitig einen zu hohen Säuregehalt des Mostes mindern. Ein so hergestellter Wein darf aus gesetzlichen Gründen aber nicht in Verkehr gebracht werden.

Den Säuregehalt mindern

Zu viel Säure im Most kann man auch mit **Entsäuerungskalk** (10 bis 20 g/10 l Most) reduzieren. Der Kalk wird in Wasser angeteigt und in den Most eingerührt.

Den Säuregehalt anheben

Im Saft sehr früh reifender Sorten fehlt gelegentlich etwas Säure.

Dem lässt sich mit der Zugabe von bis zu 2 g Weinsäure pro Liter (in der Apotheke oder im Fachhandel erhältlich) abhelfen. Auch dieses Verfahren ist nur für die Hausweinbereitung zugelassen.

Der Gärverlauf

Im Verlauf der Gärung verwandelt die Hefe den Zucker in Alkohol, wobei Kohlendioxid frei wird und gluckernd über den Gäraufsatz entweicht. Bei voller bis langsam abklingender Gärung wird das Produkt gerne als »**Federweißer**« oder als »**Sauser**« getrunken. Nach vollendeter Gärung beruhigt sich der nun milchig trübe, »**neue**« **Wein,** und die Hefe setzt sich allmählich ab. Bei Jungweinen mit noch etwas zu viel Säure wäre nun die sogenannte **zweite Gärung** erwünscht. Dabei wandeln Milchsäurebakterien die aggressive Apfelsäure in die milder schmeckende Milchsäure um, wobei wiederum Kohlendioxid frei wird. Dieser biologische Säureabbau wird durch Wärme gefördert, so dass bei Bedarf

Selbst gekelterter Wein – der Wunschtraum vieler Hobbygärtner.

In solchen Glasflaschen mit Gäraufsatz findet die Vergärung statt.

Der Gäraufsatz dient zur Kontrolle der Gärung und zum Schutz des Gärmediums.

der Wein in einem temperierten Raum gelagert werden muss.
Der Ablauf des Säureabbaues ist laufend zu kontrollieren und notfalls zu unterbinden (Filtration, Kühlen), um einen faden Geschmack zu verhindern.

Rotweinbereitung

Zur Rotweinbereitung sollten die Beeren vor dem Mahlen bzw. Maischen von Stielen und Rappen getrennt werden. Dann wird die Maische einer **Maischegärung** oder -erhitzung unterzogen, um die in der Beerenschale sitzenden Farbstoffe zu lösen. Nur Wärme und/oder Alkohol sind dazu in der Lage.
Das bei der Maischegärung sich entwickelnde CO_2 treibt die festen Bestandteile, den Tresterkuchen, aus dem Saft. Er muss täglich mehrmals wieder untergestoßen und mit dem Saft vermischt werden. Ein im Gärbehältnis fest angebrachter Holzrost oder ein Sieb verzögert die Entmischung. Gelegentliches Durchmischen ist auch hier notwendig. Bei Behältnissen mit einem Ablaufhahn wird der Saft zwei Mal täglich abgelassen und wieder über den Tresterkuchen geschüttet. Die Maische ist regelmäßig zu durchmischen, um einen nachteiligen Einfluss von Luft oder sich ansiedelnder Bakterien im oberflächengroßen Tresterkuchen zu vermeiden. Auf jeden Fall wird vor der Gärung mit 1–2 g Kaliumdisulfid geschwefelt. Nach weitgehend beendeter Gärung (noch ca. 20–30 ° Oechsle) wird der Saft abgezogen und der Tresterkuchen gepresst.

Bei der **Erwärmung** wird die Maische schwach entsaftet, die zurückbleibenden festen Bestandteile erhitzt man mit Dampf auf 80 °C einige Minuten lang. Nach dem Abkühlen wird abgepresst und beide Saftteile zur Gärung werden wieder zusammengeführt. Sofern eine Anreicherung des Lesegutes mit Zucker erforderlich ist, erfolgt die Zugabe des gelösten Zuckers auf die Maische, bei Erwärmung in den Saft. Der junge Rotwein wird anschließend wie die Weißweine weiterbehandelt.

Die Lagerung

Nach der ersten bzw. zweiten Gärung wird das Behältnis mit Wein aufgefüllt, kühl gestellt und verschlossen. Nach 6–8 Wochen zieht man den noch wenig geklärten Wein von der Hefe ab. Danach setzt man wiederum 1–2 g Kaliumdisulfit pro 10 l zu, um Oxidationen von Farbe und Geschmack vorzubeugen. Die Gebinde sind voll und verschlossen zu halten. Bevor im Frühjahr der Wein auf Flaschen gezogen wird, sollte er nochmals filtriert werden, um seine Haltbarkeit zu verbessern. Dem gleichen Zweck dienen nochmals 0,5–1 g Kaliumdisulfit, die jeweils auf 10 l Wein zugesetzt werden.

Hauswein wird am besten auf Flaschen mit Schraubverschluss gefüllt. Er macht das mühsame Verschließen mit der Korkmaschine entbehrlich, die Flaschen können auch stehend gelagert werden und nachteilige Geschmacksbeeinflussungen durch den Kork sind nicht zu befürchten. Die beste Lagertemperatur liegt bei 8–10 °C.

Natürlich muss man ab und zu verkosten, wie sich der Wein entwickelt. Dabei wird man auch feststellen, ob es sich lohnt, ihn länger als bis zur nächsten Ernte vorrätig zu halten.

Weitere Verwertungsmöglichkeiten

Aus Traubensaft lässt sich schließlich auch ein fruchtiges **Traubengelee** herstellen. Man füllt etwa 0,8 Liter abgesetzten und leicht geklärten Saft mit Wein auf einen Liter auf, gibt 1 kg Gelierzucker zu und bereitet daraus ein Gelee wie mit anderen Früchten auch. Darüber hinaus wird auf die vielen Rezepte für Traubentorten, Weincremes und die Verwendung von Trauben und Wein zum Kochen verwiesen.

In den Fässern reift der Wein bis zur Abfüllung. Wichtig ist die kühle Lagerung bei gleichmäßigen Temperaturen.

Gesund mit Trauben und Wein

Trauben und der daraus gewonnene Saft oder Wein sind nicht nur schmackhafte Früchte bzw. erfrischende und belebende Getränke, sondern zeigen durchaus auch eine gesundheitliche Wirkung. So haben die **Traubenkuren** eine lange Tradition; man sollte sie jedoch nicht ohne ärztliche Anweisung durchführen. Der Gesundheitswert von Trauben und Traubensaft misst sich zum einen an ihrem hohen Anteil an Traubenzucker als Energiespender. Zum anderen entschlacken **organische Säuren,** wie Äpfel-, Wein- und Zitronensäure, den Körper und fördern die Verdauung. Wichtige **Mineralstoffe,** wie Kalium, Phosphor, Magnesium und Kalzium, nützen den Stoffwechselvorgängen im Körper. Die **Vitamine** – Trauben bzw. Traubensaft enthalten vor allem Vitamin C und B – fördern die Leistungsfähigkeit des Körpers und unterstützen das Immunsystem. Schließlich regen die **Ballaststoffe** die Darmtätigkeit an und wirken Verdauungsstörungen entgegen.

Bioaktive Inhaltsstoffe

Der therapeutische Nutzen des Weines ist nicht minder von Bedeutung, zumal sich wertvolle im Traubensaft enthaltene Stoffe auch im Wein wiederfinden. Die in jüngsten Untersuchungen immer wieder hervorgehobene Wirkung der bioaktiven Inhaltsstoffe des Weins (vor allem der **Polyphenole,** die als Schutzstoffe wichtige Körpersubstanzen vor schädlicher Oxidation bewahren) wird durch den Alkohol unterstützt. Diese sind im Rotwein in wesentlich größerer Menge enthalten als im Weißwein.

Die Polyphenole verhindern, dass freie Radikale den Körperzellen Sauerstoff entziehen und sie somit nachhaltig schädigen. So ist inzwischen medizinisch nachgewiesen, dass moderater Weingenuss (0,25–0,4 l/Tag) sowohl das Krebs- als auch das Herzinfarktrisiko verringert. Dies wird z. B. auch als einer der Gründe für die auffällig niedrige Herzinfarktquote der dem Rotwein zugeneigten Franzosen angesehen.

Die klassische Kombination: Brot, Wein und Käse – Genuss pur!

Inhaltsstoffe von Trauben und Wein (pro 100 g)

Stoffe	Weiße Trauben	Rote Trauben	Weißwein	Rotwein
Wasser	81,2 g	84,52 g	88,2 g	87,0 g
Ballaststoffe	1,2 g	1,20 g	–,–	–,–
Eiweiß	0,36 g	0,48 g	0,1 g	0,2 g
Kohlenhydrate	13,08 g	15,38 g	0,5 g	0,3 g
Kalzium	17,5 mg	18,0 mg	9,0 mg	8,0 mg
Kalium	192 mg	192 mg	80 mg	90 mg
Magnesium	5,57 mg	8,14 mg	9,0 mg	8,0 mg
Natrium	12,3 mg	18,27 mg	3,0 mg	4,0 mg
Phosphor	16,16 mg	22,02 mg	15,0 mg	28,0 mg
Eisen	0,27 mg	0,25 mg	0,6 mg	0,7 mg
Zink	0,05 mg	0,07 mg	Spuren	Spuren
Vitamin B_1	0,04 mg	0,04 mg	Spuren	Spuren
Vitamin B_2	0,02 mg	0,02 mg	0,01 mg	0,01 mg
Vitamin B_6	0,05 mg	0,07 mg	0,02 mg	0,02 mg
Vitamin C	3,80 mg	4,0 mg	0,05 mg	2,0 mg
Niacin	0,15 mg	0,19 mg	–,–	0,1 mg
Pantothensäure	0,06 mg	0,05 mg	–,–	–,–
Alkohol	–,–	–,–	9,5 g	12,0 g
Kilojoule	220 kj	260 kj	264 kj	326 kj

Vielfältige Wirkung

Mit seinen mehr als 1000 Inhaltsstoffen ist Wein ein ganzheitlich wirkendes Getränk. So kann man bei regelmäßiger und maßvoller Anwendung
- den Körper entschlacken (Schrothkur)
- die Knochenentkalkung verlangsamen
- die Verdauungsleistung verbessern
- die Abwehr von Krankheiten fördern
- Stress abbauen und entspannen und
- insgesamt die Lebenserwartung verlängern.

Auf einen Blick

- Den Konsum frischer Trauben kann man durch gezielte Wahl der Sorten und richtige Lagerung verlängern.
- Traubensaft wird nur aus gesunden Trauben hergestellt.
- Weinbereitung setzt technische Ausrüstung und Fachkenntnisse voraus.
- Trauben, Saft und Wein sind, mäßig genossen, gesund.

Adressen, die Ihnen weiterhelfen

Pflanzreben

Deutschland
FassadenGrün Sven Taraba
Leopoldstr. 12
04277 Leipzig
Tel.: 0341/2257810

Baumschule Horstmann
Bergstr. 5
25582 Hohenaspe
www.baumschule-horstmann.de

Weingut Jäger
Rheinstr. 17
55437 Ockenheim
Tel.: 06725/2330

Villa Bäder
An der Bellerkirche
55599 Eckelsheim
Tel.: 06703/1574

Rebschule Kimmig
Grünstadter Str. 4
57271 Obersülzen
Tel.: 06359/919130
www.winzerhof-kimmig.de

Baldur-Garten, Gartenversand, Pflanzenversand
Ebinger Str. 12
64625 Bensheim
www.baldur-garten.de

Antes – Weinbau und Rebveredlung
Königsberger Str. 4
64646 Heppenheim
Tel.: 06252/77101
www.antes-web.de/rebsorten.htm

Rebenversand Ernst Haas
Rodenhoferdell 2
66119 Saarbrücken
Tel.: 0681/585089

Wolfgang Krapp
Aussiedlerhof
67098 Bad Dürkheim-Ungstein
Tel.: 06322/4354

Rebschule Schumann GdbR
Im Nussriegel 1
67098 Bad Dürkheim
Tel.: 06322/63969
www.hausreben.de

Jörg Wolf
Alter Dürkheimer Weg 7
67098 Bad Dürkheim
Tel.: 06322/63237

A. & V. Freytag
Theodor-Heuss-Str. 78
67435 Neustadt/Weinstr.
Tel.: 06327/2143

Bernhard Müller
Mühlstr. 16
67487 Maikammer
Tel.: 06321/59767

Rebschule Martin
67599 Gundheim
Tel.: 06244/803
www.rebschule-martin.de

H. u. L. Wahler
Wiesentalstr. 58
71284 Weinstadt-Schnaidt
Tel.: 07151/68404

Weinbau und Rebveredlung
Richard Ehmer
Nahe Weinbergstr. 32
74348 Lauffen/Neckar
Tel. : 07133/8508
www.rebschule-lauffen.de

Raiffeisen-Rebenpflanzgut-Zentrale
79291 Merdingen
Tel.: 07668/9901-30
www.raiffeisen.com

Rebenveredlung Sibbus
Rheinstr. 20
79361 Jechtingen
Tel.: 07662/912015
www.sibbus.com

Manfred Hahm-Hartmann
Wilhelm-Löhe-Str. 5
95176 Konradsreuth/Hof
Tel.: 09292/6558
www.members.tripod.de/rkraft/reben.html

Rebschule Steinmann e. K.
Ochsenfurter Str.
97286 Sommerhausen
Tel.: 09333/225
www.reben.de

Hans Schmidt
Rebschule
97342 Obernbreit
Tel.: 06932/3452
www.rebschule-schmidt.de

Österrreich
Rebschule Franz Backknecht
Unterer Mittelweg 10
A-3495 Rohrendorf
www.rebschule.at/familie.htm

Schweiz
Rebschule Anton Meier
Endinger Str. 7
CH-5303 Wuerenlingen
Tel.: +41/56/2971000

Martin Auer, Rebschulen
CH-8215 Hallau
www.rebschulen.de

Albert Keller
Am Groß-See
CH-8451 Kleinandelfingen
Tel./Fax: +41/52/3171684

Bezugsquellen und Adressen

Bodenuntersuchungsanstalten

Institut für Pflanzenernährung
Jena-Zwätzen
07743 Jena
Tel.: 03641/683434

HDLGN LUFA Kassel
Am Versuchsfeld 13
34128 Kassel
Tel.: 0561/9888181-182

AGROLAP
Römerstr. 63
54455 Serrig/Saar
Tel.: 06581/99080

Bodenlabor Ing. B. Riffel
Weinheimer Landstr. 115
55232 Alzey
Tel.: 06731/43859

Institut für Bodenkunde an der
Forschungsanstalt für Weinbau
Postfach 1154
65358 Geisenheim

BOLAP, Bodenberatung und
Landschaftspflege GmbH
Weinstraße Süd 40
67487 Maikammer
Tel.: 06321/95870

LUFA Augustenberg
Neßlerstr. 23
76227 Karlsruhe
Tel.: 0721/9418-130
www.LUFA.BWL.de

Bayerische Landesanstalt für
Bodenkultur und Pflanzenbau
Luxemburger Str. 4
97084 Würzburg
Tel.: 08161/71-3640
www.lbp.bayern.de

Nitrattest

Merckoquant Nitrat-Test: erhältlich beim Laborbedarfs- und Kellereibedarfshandel und bei:
Fa. Stelzner GmbH
Bodenmessgeräte
Grolandstr. 51a
90408 Nürnberg
Tel.: 0911/359595

Reflektoquant Nitrat-Test: erhältlich beim Laborbedarfs- und Kellereibedarfshandel

Pflanzenschutz- und Pflanzenbehandlungsmittel

Trichogramma-Kärtchen:
AMW Nützlinge GmbH
Außerhalb 54
64319 Pfungstadt
Tel.: 06157/990595

Alle übrigen Präparate können bei Landwirtschftlichen Genossenschaften, im Landhandel, in Gartencentern oder Baumärkten bezogen werden.

Unterstützungsmaterial

Wird in Landwirtschaftlichen Genossenschaften, im Landhandel, in Baumärken und im Gartenfachhandel angeboten.

Kellereibedarf

Zu beziehen im Laborbedarfs- und Kellereibedarfshandel (meist in Weinanbaugebieten) in größeren Haushaltswarengeschäften oder im Gartenfachhandel.

Beratung und Information

Dienstleistungszentrum Ländlicher Raum-Rheinhessen-Nahe
Rüdesheimer Str. 60-68
55545 Bad Kreuznach
Tel.: 0671/820-0
www. agrarinfo.rlp.de
Dienstleistungszentrum
Ländlicher Raum-Mosel
Görres-Str. 10
54470 Bernkastel-Kues
Tel.: 06531/9560
www.agrainfo.rlp.de

Forschungsanstalt Geisenheim
Institut für Rebenzüchtung
Eibinger Weg
65366 Geisenheim
Tel.: 06722/5021
www.forschungsanstalt.geisenheim.de

Dienstleistungszentrum
Ländlicher Raum-Rheinpfalz
Breitenweg 71
67435 Neustadt/Weinstraße
Tel.: 06321/6711
www.agrarinfo.rlp.de

Staatliches Weinbauinstitut
Freiburg
Merzhauser Str. 119
79100 Freiburg
Tel.: 0761/401650
www.landwirtschaft-mlr.badenwuerttemberg.de/la/lvwo

Bayerische Landesanstalt für
Weinbau und Gartenbau
Residenzplatz 3
97070 Würzburg
Tel.: 0931/305090
www.lwg.bayern.de

Staatliche Lehr- und Versuchsanstalt Weinsberg, Referat für Rebenzüchtung und Rebenveredlung
Traubenplatz 5
74189 Weinsberg
Tel.: 07134/504188
www.lvwo-weinsberg.de

Hinweis: Die Tabellen zu den Pflanzenschutzmitteln gegen Pilzkrankheiten (Seite 96) und tierische Schädlinge (Seite 105) wurden unter Berücksichtigung folgender Literatur erstellt:
Dr. Louis, Friedrich, Dr. Harms, Marco und Ipach, Roland: Mehr Fungizide – weniger Insektizide. Das Deutsche Weinmagazin 7/3, April 2004.

Stichwortverzeichnis

Seitenzahlen mit * verweisen auf Abbildungen

Abwehr von Krankheiten 121
Ägypten 10
Akarizide 103
Amseln 107
Anbauzonen 13, 14
Anbinden 76
'Angela' 39, 47
Anker 61
Anschnitt eines Zapfens 74*
'Arkadia' 34
'Artemis' 30, 45
Aufbau eines Rebstockes 67*
'Aurora' 22, 45
Ausbrechen 78
Ausgeizen 79

Bacillus thuringiensis 101, 108, 109
Balkon 65
Ballaststoffe 120
Beerenfäule 94
Beerenreife 14
Befestigen der Ruten 77
Befruchtung 70
Begrünung 87
Begrünung im Weinberg 87*
Bekämpfung 92, 93
Bekämpfung, biologische 102
– der Traubenwickler 101
Bekreuzter Traubenwickler. 98, 100*
'Bianca' 41, 47
Biegen 76, 77
Biologie der Rebe 67
Biologische Schadensabwehr 109
'Birstaler Muskat' 28, 45
Blätter 69
Blattfallkrankheit 93
Blattformen 68*
Blattgallen 100*
Blattgallmilbe 104*, 106
'Blauer Gänsfüßer' 43

Blüte 69*
Blütenkrone 73
Blütenstand 68*, 71
Bodenansprüche 15
Bodenpflege 86
Bodenuntersuchung 82, 83*
Bodenverbesserung 85
Bodenvorbereitung 54
Bogen 59
Bogenerziehung 59, 74
Bohnenspinnmilbe 102, 104*
Bor 82, 84
'Boskoop Glorie' 38, 46
Botrytis 90, 94*, 97
Botrytis cinerea 94

'Calastra' 33, 46
Chlorose 81
Container 52
Containerreben 56

'Decora' 31, 46
Dickmaulrüssler 90, 102
'Dornfelder' 36, 46
Düngung 80
–, organische 85

Echter Mehltau 90, 91, 96
Edelreis 50
Einbindiger Traubenwickler 100
Entlauben 79
Entsäuerungskalk 117
Entspitzen 79
Entwicklungskreislauf der Reblaus 99*
Entwicklungsstadien 71*
Erdraupen 102
Ernährungsstörung 70
Erntezeit 112
Ersatzholz 75
Erziehungsart 74
Erziehungsformen 59, 63, 72*
'Evita' 25, 45

Falscher Mehltau 90, 92, 96
'Fanny' 26, 45
Federweißer 117
Flachbogen 59, 62
'Flame Seedless' 32, 46
Florfliegen-Larven 106*
Formierung 66
Frost 14
Frosthärte 19
Frostschäden 57
Fruchtanlagen 73
Fruchtholzformen 61*
Fruchtrute 67
Früh reifende Sorten 21
'Frumosa alba' 40

'Galanth' 31, 46
'Ganita' 24, 45
'Garant' 25, 45
Gäraufsatz 118*
Gärung, alkoholische 8
–, zweite 117
Gärverlauf 117
Geize 57
Geiztriebe 69, 79
'Georg' 40
Geschein 68*, 69, 70, 73
Geschichte 9
Geschichte der Tafeltrauben 11
Gesetz zum Schutz der Kulturpflanzen 108
Gipfeln 79
Gras-Klee-Mischungen 86, 87
Graufäule 94
Graufäule, Bekämpfung 95
Griechenland 10
Gründüngung 87
Gründüngungspflanzen 54

Halbbogen 59
Halbbogenerziehung 62
Hauptnährstoffe 80
Hauswand 56
Hauswein 119
'Hecker' 39, 47

Heften 79
Herzinfarktrisiko 120
Heuwürmer 98
Hochstamm 59
Humus 84
Humusgehalt des Bodens 15

Inhaltsstoffe 120
– von Trauben und Wein 121

'Jakobsberger' 29, 45
Japanische Rebe 44
Jungreben, Aufzucht 57

Kalidüngung 84
Kalium 80, 84
Kaliumdisulfit 116, 119
Kaliummangel 81*
Kalkdüngung 84
Kalkmangel 81, 81*
Kalzium 81
'Katharina' 36, 46
Kauf 53
Kleinpresse 115*
Knospen 69
'Kodrianka' 42
'Königin der Weingärten' 34, 46
'Königliche Ester' 27, 45
'Königliche Magdalenentraube' 24, 45
Kordon 59, 62*, 76
–, senkrechter 63
Kordonerziehung 59, 61*, 62, 64*, 74
Krankheiten 90
Kräuselmilbe 104, 104*, 106
Kübel 66*
Kupferoxichlorid 93

Lagerung 52, 119
'Lakemont Seedless' 35, 46
Laubarbeiten 78
Lauben 64, 79
Laubschnitt 79
Lederbeeren 93
Lichtansprüche 13
Lichtbedürfnis 14

'Lilla' 27, 45

'Madeleine Royale' 24
Magnesium 81, 84
Magnesiumdüngung 84
Magnesiummangel 81, 82*
Maische 119
Maischegärung 118
Marienkäferlarven 104
Mehlmotte 102
Mehltau 57
Mehrnährstoffdünger 84
Mikrolebewesen 82
Milben 90
Mineralstoffe 120
'Mitschurinski' 23, 45
Mittel zur Bekämpfung 105
Mittelalter 12
Mittelfrüh bis mittelspät reifende Sorten 21, 34
Mittelspät bis spät reifende Sorte 21, 42
Most 116
Mostgewicht 113
Mulch 87*
'Müller Thurgau' 47
'Muscat bleu' 28, 45

Nährelemente 80
Nährstoffe, mineralische 82
Nährstoffgehalt 84
Nährstoffmenge 83
Nebentriebe 57
'Nero' 30, 45
Neuanpflanzungen 82
Niederschläge 14
Nitrat-Stickstoff im Boden 83

Obstbaumspinnmilbe 102
Öchsle 117
Öchslewaage 112, 113
Oechsle 118
Oidium 90
Oidium tuckeri 91
Ölflecken 93
'Osella' 23, 45

'Palatina' 29, 45
Pergolaerziehung 59
Pergolen 54, 64, 79
'Perle von Czaba' 22, 45
'Perle von Zala' 38, 46
Peronospora 90, 92
Pfählen 60
Pflanzabstand 54
Pflanzen 56
Pflanzenpflegemittel 109
Pflanzenschutz 90
Pflanzenschutzgesetz 108
Pflanzenschutzmittel 108
Pflanzloch 56
Pflanzpfahl 57
Pflanzzeit 55
Pflegemaßnahmen 67
Pfropfrebe 50, 56*
Pfropfung 51
Pfropfunterlage 50
Pheromone 101
'Phoenix' 37, 46
Phomopsis viticola 95
Phönizier 10
Phosphat 80, 84
Phosphatdünger 84
Phosphatmangel 81*
Photosynthese 69
Pilzkrankheiten 19, 20, 90
–, Mittel zur Bekämpfung 91, 96
Plasmopora viticola 92
Plinius 11
Pockenmilbe 106
Polyphenole 120
Pseudopezicula tracheiphila 97

Qualitätskriterien 52

Randnekrosen 81
Ranken 70
Raubmilben 106*
Reben kaufen 52
– pflanzen 54, 55
– schneiden 74
Rebenentwicklung 71
Rebenerziehung am Haus 60*
Rebensorten, Amerikanische 98
Rebenzucht 19
Rebknospe 67*

Reblaus 19, 50, 90, 98
Rebschnitt 59, 74, 77
Rebstichler 90, 102
Refraktometer 113
'Regent' 37, 46
'Regina' 47
Reifegruppen 20
Reifeverlauf 73
Reifevorgänge 73
Reifezustand 112
Reiser 50
Rhombenspanner 90, 102
Römer 10, 11
'Rondo' 32, 46
'Rosetta' 41, 47
'Rosina' 33, 46
Rosinen 11, 12
Rote Spinne 102, 103, 103*
Rote Trauben 121
Roter Brenner 96, 97
'Roter Gutedel' 35, 46
Rotwein 120, 121
Rotweinbereitung 118

Saftpressen 115
Samenbruch 91
Sämlinge 50
Sauerfäule 101
Sauerwurm 94, 98, 101*
Säuregehalt anheben 117
– mindern 117
Schädlinge 70, 90
Schere 76
Schildläuse 90, 102
Schlupfwespen 102
Schmierläuse 90
Schnelltestverfahren 83
Schnitt auf Zapfen 74
Schrothkur 121
Schwarzfleckenkrankheit 90, 95, 96
Schwefel 116
Senkspindel 112
Sexuallockstoffe 101, 109
'Sophie' 26, 45
Sorte 18
Sorten, amerikanische 19
–, europäische 50
–, frostharte 20
–, resistente 19, 20

–, Standortgerechte 19
–, widerstandsfähige 92
Sorteneigenschaften 19
Sortenmerkmale 19
Spalier 63
Spalierdrahtrahmen 62*, 63*
Spätfröste 57
Spinnmilben 102, 103
Springwurm 90, 102
Spurenelemente 80, 82
Standort 14, 54
Stare 107
Stecklinge 50
Stickstoff 80
Stickstoffgehalt 85
Stielfäule 95
Stockaufbau 58
Strecker 59
Stützdrähte 62

Tafeltraube 18
Tafeltrauben 8, 11, 12, 13
– für den Hausgarten 45, 46, 47
–, Verzehr 114
Temperatur 13, 14
'Theresa' 42
Thomery-Kordon 63
Tischveredlung 52
Topf 52
Trauben 70
Traubengelee 119
Traubenkur 120
Traubensaft 115, 119
Traubenwickler 90, 98
Tresterkuchen 118
Trichogramma-Arten 102
Trichogramma-Kärtchen 102
Triebe, Wilde 76

Überbiegdraht 62
Uferrebe 44
Unkräuter 57
Unterlage 50
Unterlagensorten 51
Unterstützungsvorrichtung 61, 64

Veredlungsstelle 52
Verrieseln 79

Vertikoerziehung 64
Virosen 73
Vitamine 120
Vitis coignetiae 44
Vitis vinifera 70
Vögel 106
Vorratsdüngung 55

Wand, Pflanzabstand 56
Wasserschosse 78
Wein 120
Wein als Kübelpflanze 66
Weinbauklima 13
Weinbereitung 116
Weinhefe 116
Weinherstellung 117
Weinpresse 11*
Weinpressen 115
Weiße Trauben 121
'Weißer Gutedel' 35, 46
Weißwein 121
Werkzeug 76
Wespen 106, 107
Wespenfraß 106*
Wildgräser 87
Wildreben 9
Winterruhe 71
Wuchskraft 76
Wurzeln 50
Wurzelsystem 67

Zapfenerziehung 59
Zapfenschnitt 64*
Zeitpunkt für den Schnitt 76
Zeugnisse, älteste 10
Zierreben 21, 44
Zikaden 90
Zuchttechnik 19
Zuckergehalt 113

Über den Autor

Dr. Werner Fader, Abteilungsdirektor i. R., Winzersohn mit umfassender fachlicher Ausbildung durch Winzerlehre und Fachschulbesuch. Studium der Agrarwissenschaften und Promotion über ein weinbauliches Thema. 20 Jahre in der Staatlichen Beratung, Forschung und Lehre tätig. Danach leitende Funktionen bei der Landwirtschaftskammer, später bei der Bezirksregierung Rheinhessen-Pfalz.

**Bibliografische Information
Der Deutschen Bibliothek**
Die Deutsche Bibliothek verzeichnet diese Publikation in der Deutschen Nationalbibliografie; detaillierte bibliografische Daten sind im Internet über http:/dnb.ddb.de abrufbar.

Bildnachweis
Alle Bilder von Werner Fader, außer:

AgroConcept: 750, 910, 930, 1000l, 1000r, 1010r, 101ul, 103ul, 103ur
AKG: 8, 9
Auer: 22u
BASF: 81u
Baumjohann: 1060r
Bieker: 1
Bildagentur Waldhäusl/Harald Theissen: 120
Bildagentur Waldhäusl: 73
Blickwinkel/allOver: 6/7
Borstell: 2/3
Dittmer: 108
Funke: 20
Redeleit: 83
Reinhard: 4u, 5, 12, 14, 18, 48/49, 53, 65, 66, 68, 78, 85, 88/89, 107ol, 110/111, 112l, 113, 114, 117
Romeis: 40, 10, 15, 16/17, 19, 87l, 119
Seeger: 54, 70l, 87r
Seidl: 44
Staatliche Lehr- und Forschungsanstalt für Landwirtschaft, Wein- und Gartenbau, Neustadt/Weinstraße: 80, 81ol, 81or, 81mr, 82, 91u, 92, 93u, 94, 95, 98, 100ul, 101ur, 102, 1030, 104, 1060l, 112r
Stangl: 75u
Strauß: 380
Zeininger: 107ur,

Grafiken: Heidi Janiček
außer Seite 73: Hellmut Hoffmann

Überarbeitete und erweiterte Neuausgabe des Titels »Wein« aus der Reihe »BLV Garten plus«.

BLV Buchverlag GmbH & Co. KG
80797 München

© BLV Buchverlag GmbH & Co. KG, München 2009

Das Werk einschließlich aller seiner Teile ist urheberrechtlich geschützt. Jede Verwertung außerhalb der engen Grenzen des Urheberrechtsgesetzes ist ohne Zustimmung des Verlags unzulässig und strafbar. Das gilt insbesondere für Vervielfältigungen, Übersetzungen, Mikroverfilmungen und die Einspeicherung und Verarbeitung in elektronischen Systemen.

Umschlagfotos: Stockfood/Hans-Peter Sittert (Vorderseite), Borstell (Rückseite)

Lektorat: Dr. Thomas Hagen
Redakton: Redaktionsbüro Wolfgang Funke
Herstellung: Hermann Maxant

Satz: Uhl & Massopust, Aalen

Gedruckt auf chlorfrei gebleichtem Papier

Printed in Germany
ISBN 978-3-8354-0495-3

Der zuverlässigste Berater

Martin Stangl
Obst aus unserem Garten
Das Standardwerk für Hobby-Obstgärtner: die besten Sorten von Baum-, Strauch- und Beerenobst · Alles über Pflanzung, Pflege, Ernte und Verwertung · Mit Arbeitskalender: die wichtigsten Aufgaben rund ums Jahr.
ISBN 978-3-8354-0411-3

Bücher fürs Leben.